继电保护调试与回路故障排查实例

惠杰 主编

中国电力出版社
CHINA ELECTRIC POWER PRESS

内 容 提 要

继电保护相关新设计规范及要求的落地应用对继电保护的调试、检修和管理工作提出了新的要求。本书顺应行业发展新趋势，从提高继电保护从业人员实践能力入手，着重介绍了线路保护、变压器保护及母线保护的常用型号装置，全文内容涵盖了保护原理、调试方法、故障点总结、故障案例及其排查思路解析等。

本书可作为电网、电厂、电力用户、研发制造等相关企业及大专院校、科研院所等机构继电保护从业人员的培训教材或工作参考用书。

图书在版编目（CIP）数据

继电保护调试与回路故障排查实例/惠杰主编. —北京：中国电力出版社，2019.12（2026.1重印）
ISBN 978-7-5198-4116-4

Ⅰ. ①继… Ⅱ. ①惠… Ⅲ. ①继电保护装置－调试方法 ②继电保护装置－故障诊断 Ⅳ. ①TM774

中国版本图书馆 CIP 数据核字（2019）第 293739 号

出版发行：中国电力出版社
地　　址：北京市东城区北京站西街 19 号（邮政编码 100005）
网　　址：http://www.cepp.sgcc.com.cn
责任编辑：周秋慧（010-63412627）
责任校对：黄　蓓　于　维
装帧设计：张俊霞
责任印制：石　雷

印　　刷：北京世纪东方数印科技有限公司
版　　次：2020 年 1 月第一版
印　　次：2026 年 1 月北京第六次印刷
开　　本：787 毫米×1092 毫米　16 开本
印　　张：8
字　　数：171 千字
印　　数：4001—4500 册
定　　价：32.00 元

前言

继电保护是保障电网安全稳定的第一道防线，继电保护装置的正确运行对电力系统的安全稳定起着十分重要的作用，当其误动或拒动时可能给电力系统造成重大灾难。一名合格的继电保护人员，不仅需要掌握保护装置原理、逻辑及故障排查方法等理论基础，还需要具备较强的处理工程问题的技能和技巧。市面上现有的继电保护培训教材大部分集中于传统理论及对老版保护装置的介绍，“新六统一”之后面市的新型保护装置相较老版保护装置在理论与实践方面产生了一定区别，造成许多从业人员知识更新慢，不能适应新变化。本书可以帮助继电保护工作者解决上述问题，这正是本书的编撰初衷！

本书主要介绍的线路保护、变压器保护及母线保护是电力系统中最为常见且最为重要的三种保护，是继电保护工作者入门、进阶的重要基本知识。全书根据现场实际针对性地讲解了保护原理、保护逻辑的调试方法、常见故障点，并结合故障案例介绍了故障排查思路，供广大继电保护工作者参考。

本书由国网山东省电力公司检修公司组织相关专业人员编写而成，第一章由国网山东省电力公司检修公司惠杰、黎昊编写；第二章由国网山东省电力公司检修公司赵杨、王晓亮编写；第三章由国网山东省电力公司检修公司孙志勇、常高颂、游帅编写。全书由惠杰统稿。国网山东省电力公司检修公司吕守国、姜建平、乔凯、王晓华、李元安、刘明锝、孙兆国、隋宗强、万磊、付昊、卢志海、李超、杨勇、侯慧军、陈健、罗成对书稿内容进行了审核并参加了全书的评审工作。在本书的编写过程中，国网山东省电力公司检修公司继电保护人员对本书各方面的内容提出了许多宝贵意见，对完善本书有着很大的帮助，在此表示衷心的感谢。

由于编者水平有限，恳请各位专家和读者提出宝贵意见，使之不断完善！

编　者

2019 年 7 月

目 录

第一章 线 路 保 护

第一节 保 护 原 理

一、差动保护原理

光纤纵联电流差动保护借助光纤通道将输电线路两端的电流相量信号传送到对端，综合反映输电线路两端电气量的变化，以同一时刻线路两端电流的相量和作为相应继电器的动作电流，当两端电流的关系满足保护装置内部逻辑动作方程时，差动保护动作。

根据基尔霍夫电流定律，只要在线路内部有流出的电流（短路电流、线路电容电流），这些电流都将构成动作电流。为克服正常运行时线路电容电流对差动保护的影响，设置动作时间较短且定值较大（为克服高频分量电容电流的影响，可取正常运行时本线路电容电流的 4～6 倍）的稳态差动Ⅰ段，动作时间稍长（40ms）且定值较小（可取正常运行时本线路电容电流的 1.5 倍）的稳态差动Ⅱ段，以及采取电容电流补偿等措施。

当重负荷线路区内经高阻接地时，差动电流较小，制动电流（负荷电流为穿越性电流，仅产生制动电流）较大，差动继电器灵敏度可能不足，为克服上述影响，输电线路纵联电流差动保护配置工频变化量差动保护、零序差动保护。

二、距离保护原理

输电线路距离保护是反映输电线路一侧电气量变化的保护，构成距离保护的阻抗继电器将输电线路一侧的电压与电流转换成相对应的阻抗关系，最终实现距离保护的保护功能。距离保护通常采用多段式保护，从而满足保护动作的选择性要求。

距离保护较电流型保护有受运行方式影响小的突出优点。多段式距离保护通常采用三段式距离保护，距离保护Ⅰ段只保护本线路的一部分（通常为线路全长的 80%～85%），不受助增电流与汲取电流的影响，保护范围稳定。距离保护Ⅱ、Ⅲ段保护范围延伸到相邻线路，在一定程度上受运行方式的影响。

微机型距离保护中各阻抗继电器都有相应的动作方程，该动作方程在复平面上构成一定的动作特性（如偏移圆、上抛圆、透镜圆、四边形等特性），当阻抗继电器的测量阻抗落入上述动作特性区内，相应距离保护动作。

三、工频变化量阻抗保护原理

继电保护从原理上划分为反映稳态分量的保护和反映暂态分量的保护两大类，工频变化量保护反映的是电气量中的暂态分量。构成工频变化量阻抗保护的阻抗继电器将短路瞬间的工频变化量中的电压分量与电流分量转换成相对应的阻抗关系，最终实现工频变化量阻抗保护的保护功能。

工频变化量阻抗保护基于叠加原理，通过故障瞬间的采样值减去一个或两个周波前相应时刻的电气量，得到故障初期的工频变化量，处于短路稳态时计算得到的工频变化量为零，只有在短路瞬间才有工频变化量，故工频变化量阻抗保护不能构成带时限的保护，只能构成快速保护。工频变化量阻抗保护抗过渡电阻能力强，系统振荡时不会误动作，正方向出口短路时无死区，并且动作速度很快（最快能到 3ms）。

四、零序电流方向保护原理

输电线路零序电流方向保护是反映输电线路一侧零序电流变化的保护，零序电流方向保护通常采用多段式保护，从而满足保护动作的选择性要求。

零序电流方向保护仅能用作接地短路故障的保护。零序Ⅰ段的保护范围受系统运行方式影响较大，在某些运行方式下保护范围可能很小，其性能相比同样作为接地故障保护的距离保护Ⅰ段逊色较多。但零序电流方向保护的抗过渡电阻能力强，零序电流方向保护往往不设置零序Ⅰ段而只配置零序Ⅱ段、零序Ⅲ段。

零序电流方向保护为反映单端电气量变化的保护，为提高零序电流方向保护的选择性和灵敏性，零序电流方向保护需加零序方向继电器（通常采用保护安装处零序电流与零序电压的夹角），当故障元件零序电流达到定值且零序方向元件动作时，零序电流方向保护动作。

五、重合闸及选相工作原理

重合闸功能可以迅速恢复因瞬时性故障、误跳闸等原因造成的停电事故，提高供电的可靠性及系统并列运行的稳定性。

输电线路重合闸起动方式包括断路器位置不对应起动方式和保护起动方式两种。输电线路中通常采用一次重合闸方式，仅在单侧电源终端线路上且断路器的断流容量允许的情况才可以采用二次重合闸。输电线路重合闸的运行方式有单相重合闸、三相重合闸、禁止重合闸、停用重合闸、不设置综合重合闸方式。单相重合闸是指线路发生单相故障跳单相，重合单相，若重合成功则继续运行，重合不成功跳三相，不再重合，如果发生多相故障跳三相，不再重合。三相重合闸是指实现“有条件三重”，Q/GDW 1161—2014《线路保护及辅助装置标准化设计规范》规定，单相故障三跳三重，相间故障通过控制字选择三跳不重合。禁止重合闸控制字置 1 与屏上重合闸出口压板断开类似，两者为或门关系；投禁止重合闸时，装置放电，禁止本装置重合，不沟通三跳。停用重合闸可由控制字控制，也可由软压板控制或由屏上的硬压板控制，三者之间为或门关系；投停用重合闸时，装置放电，闭锁重合闸，并沟通三跳。Q/GDW 1161—2014《线路保护及辅助装置标准化设计规范》规定，线路保护不设置重合闸方式转换开关，重合闸方式只受控制字控制，避免与重合闸转换开关位置冲突。

双侧电源线路三相跳闸并重合时，综合考虑对电力系统冲击及电气设备性能，重合闸检查条件可设置为：检查线路无压、检查同期重合闸、重合闸不检、检线路无压母线有压、检母线无压线路有压、检线路无压母线无压、检相邻线路有电流等方式。当重合闸不使用同期电压时，同期电压互感器（TV）断线不应报警；检同期重合闸采用的线路电压应是自适应的，用户可选择任意相间电压或相电压。

单相重合闸要求在单相故障时仅跳开故障相，线路保护通过选相元件选择故障相，并将选相结果用于重合闸功能及故障测距计算。多相故障依然需要选相用于故障测距计算。选相元件主要包括两相电流差突变量选相元件、比较零序电流与 A 相负序电流的相位结合阻抗元件动作行为的选相元件、工作电压突变量选相元件、低电压选相元件。

第二节 PCS-931 保护逻辑校验

一、交流回路校验

交流回路校验的目的是检验屏内的交流回路接线是否正确、装置的采样精度是否满足要求，通过在屏内背面端子排交流端子上分别通入交流电压、交流电流，检查装置的各 CPU 的采样和极性。在进行交流回路校验时需退出屏上所有压板。

（一）零漂检查

试验方法：进行零漂检查时不需要向保护装置加入交流模拟量。测试交流电流回路的零漂时，对应的电流回路处于开路状态；测试交流电压回路的零漂时，对应的电压回路处于短路状态。

合格判据：要求在几分钟内测得零漂稳定在 $0.01I_N$（I_N 为二次额定电流）或 0.05V 以内。

（二）模拟量检查

继电保护测试仪和继电保护屏柜试验连线如图 1-1 所示。

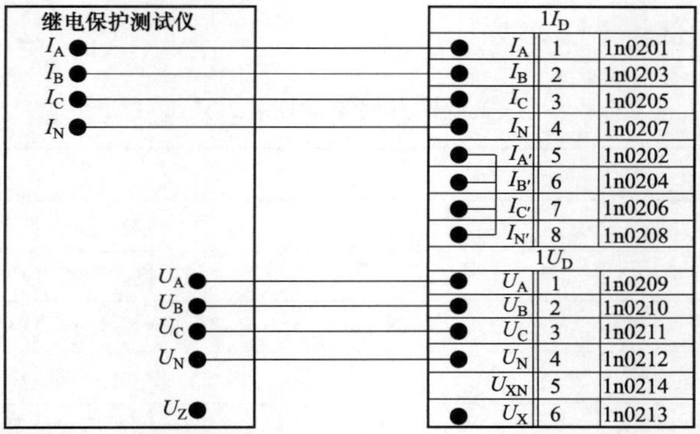

图 1-1 继电保护测试仪和继电保护屏柜试验连线

试验方法：用继电保护测试仪的手动试验，向保护装置通入对称正序的三相电流和电压，电流分别加 0.1、0.5、1、2A，电压分别加 10、30、50、60V，然后再通一次三相幅值不对称的电流电压。

合格判据：分别进入“模拟量”菜单的“保护测量”和“启动测量”子菜单，液晶显示屏上显示的采样值应与继电保护测试仪所加数值误差不大于±5%，相位差不大于±3°。继电保护测试仪所加量与保护装置测量显示值如图 1-2 所示。

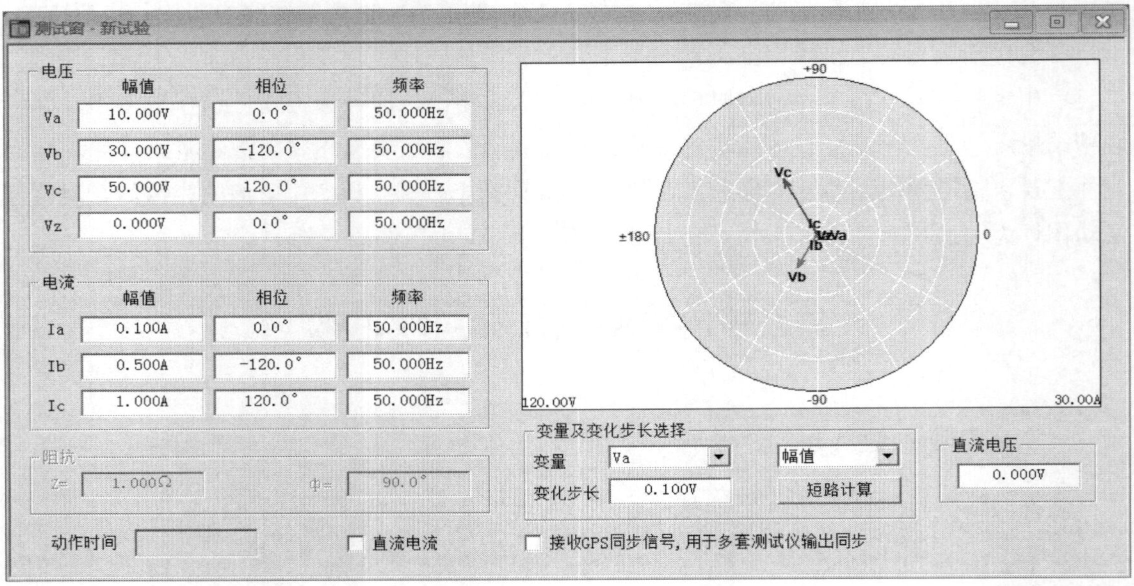

图 1-2　继电保护测试仪所加量与保护装置测量显示值

二、开关量输入检查

开关量输入检查的目的是检查压板和开入回路连线是否正确，用投/退屏内压板、模拟开入或起动操作箱相应回路的方式，检查各开入的变位情况。

不同的屏柜端子号定义不同，需要按图纸做开入试验。

开关量输入检查的试验方法见表 1-1。

表 1-1　　开关量输入检查的试验方法

名　　称	试　验　方　法
通道一差动保护投入	投入主保护压板 1RLP1
距离保护投入	投入距离保护压板 1RLP3
零序过流保护投入	投入零序过流保护压板 1RLP4
停用重合闸	投入停用重合闸压板 1RLP5
远方操作投入	投入远方操作压板 1RLP6

续表

名 称	试 验 方 法
检修状态投入	投入 1RLP7 压板
复归	可长按屏上复归按钮
对时	短接 1RD1 和 1RD7
远传 1 备用	短接 1RD1 和 1RD22
远传 2 备用	短接 1RD1 和 1RD23
其他保护动作（远跳）	短接 1RD1 和 1RD14
A 相跳闸位置	短接 1RD1 和 1RD8
B 相跳闸位置	短接 1RD1 和 IRD10
C 相跳闸位置	短接 1RD1 和 1RD12
低气压闭锁重合闸	短接 1RD1 和 1RD18
闭锁重合闸	短接 1RD1 和 1RD16

三、整组试验

（一）试验前准备

1. 试验接线

继电保护测试仪和继电保护屏柜间的试验连线不变，如图 1-1 所示。

2. 试验前开关状态及功能软压板整定

试验前将“定值设置”的“功能软压板”中“停用重合闸”软压板控制字置 0，将“纵联差动保护”置 1，其他内部保护压板投退控制字任意。试验中靠外部硬压板投入/退出保护，屏上的出口跳、合闸及失灵启动压板均退出。试验前开关在合位，或关闭模拟断路器不带开关试验则 TWJ＝0，保护也认为开关在合位。

3. 试验定值整定

试验定值整定以装置内置随机定值为主，装置基本参数定值见表 1-2。

表 1-2　装置基本参数定值

序号	描 述	实际值	序号	描 述	实际值
1	变化量启动电流定值	0.20 A	9	本侧识别码	01234
2	零序启动电流定值	0.20 A	10	对侧识别码	01235
3	差动动作电流定值	0.50 A	11	线路正序阻抗定值	10.00 ohm
4	电流互感器（TA）断线后分相差动定值	5.00 A	12	线路正序灵敏角	78 deg
5	线路正序容抗定值	100 ohm	13	线路零序阻抗定值	30.00 ohm
6	线路零序容抗定值	180 ohm	14	线路零序灵敏角	78 deg
7	本侧电抗器阻抗定值	12000 ohm	15	线路总长度	100.00 km
8	本侧小电抗器阻抗定值	12000 ohm	16	接地距离 I 段定值	7.00 ohm

续表

序号	描　述	实际值	序号	描　述	实际值
17	接地距离Ⅱ段定值	12.00 ohm	43	通道一通信内时钟	1
18	接地距离Ⅱ段时间	0.50 s	44	通道二通信内时钟	0
19	接地距离Ⅲ段定值	20.00 ohm	45	电压取线路 TV 电压	1
20	接地距离Ⅲ段时间	1.20 s	46	振荡闭锁元件	1
21	相间距离Ⅰ段定值	7.00 ohm	47	距离保护Ⅰ段	1
22	相间距离Ⅱ段定值	12.00 ohm	48	距离保护Ⅱ段	1
23	相间距离Ⅱ段时间	0.50 s	49	距离保护Ⅲ段	1
24	相间距离Ⅲ段定值	20.00 ohm	50	零序电流保护	1
25	相间距离Ⅲ段时间	2.00 s	51	零序过流Ⅲ段经方向	1
26	负荷限制电阻定值	200.00 ohm	52	三相跳闸方式	0
27	零序过流Ⅱ段定值	0.60 A	53	Ⅱ段保护闭锁重合闸	0
28	零序过流Ⅱ段时间	0.30 s	54	多相故障闭锁重合闸	1
29	零序过流Ⅲ段定值	0.40 A	55	重合闸检同期方式	0
30	零序过流Ⅲ段时间	2.00 s	56	重合闸检无压方式	0
31	零序过流加速段定值	0.50 A	57	单相重合闸	1
32	单相重合闸时间	0.80 s	58	三相重合闸	0
33	三相重合闸时间	0.80 s	59	禁止重合闸	0
34	同期合闸角	30 deg	60	停用重合闸	0
35	工频变化量阻抗	5.00 ohm	61	单相 TWJ 启动重合闸	1
36	零序补偿系数 K_Z	0.66	62	三相 TWJ 启动重合闸	0
37	接地距离偏移角	0 deg	63	电流补偿	0
38	相间距离偏移角	0 deg	64	远跳受启动元件控制	1
39	振荡闭锁过流	30.00 A	65	工频变化量距离	1
40	纵联差动保护 1	1	66	负荷限制距离	1
41	双通道方式 1	0	67	三重加速距离Ⅱ段	1
42	TA 断线闭锁差动	0	68	三重加速距离Ⅲ段	1

（二）稳态光纤电流差动保护

1. 试验原理

稳态电流差动动作方程为

$$\begin{cases} I_{CD\phi} > 0.6 I_{R\phi} \\ I_{CD\phi} > I_{\theta} \end{cases} \quad \phi = A,B,C \tag{1-1}$$

式中 $I_{CD\phi}$——差动电流，$I_{CD\phi}=|\dot{I}_{M\phi}+\dot{I}_{N\phi}|$，即为两侧电流矢量和的幅值；

$I_{R\phi}$——制动电流，$I_{R\phi}=|\dot{I}_{M\phi}-\dot{I}_{N\phi}|$，即为两侧电流矢量差的幅值。

由于自环试验时，本侧电流 $\dot{I}_M$ 和对侧电流 $\dot{I}_N$ 大小相等、相位相同，故制动电流 I_R 为 0，所以差动试验时只需要校验差动起动定值。

PCS 系列线路保护电流差动分稳态差动Ⅰ段和Ⅱ段，定值见表 1-3。

表 1-3　　稳态差动定值

	稳态Ⅰ段相差继电器定值 I_θ	稳态Ⅱ段相差继电器定值 I_θ
电容电流补偿投入	1.5 倍差动电流定值（整定值）和 1.5 倍实测电容电流的大值	差动电流定值（整定值）和 1.25 倍实测电容电流的大值
电容电流补偿不投入	1.5 倍差动电流定值（整定值）和 4 倍实测电容电流的大值	差动电流定值（整定值）和 1.5 倍实测电容电流的大值

不论“TA 断线闭锁差动”控制字置 1 还是置 0，非断线相差动保护的动作值不变，只有断线相的差动保护被闭锁或者提高动作门槛值。TA 断线闭锁重合闸，即 TA 断线时充电灯灭，所有保护逻辑满足均是三跳不重合。

2. 试验条件

（1）将插件 NR1213A 上的接收“RX”和发送“TX”用尾纤短接，构成自发自收方式，保护定值中“本侧识别码”和“对侧识别码”置成相同。

（2）仅投主保护硬压板，整定保护定值中“通道一差动保护”控制字置 1、“单相重合闸”置 1（实际系统中一般都为单重方式）。

（3）整定定值中“TA 断线闭锁差动”控制字置 0。

3. 试验步骤

（1）差动保护稳态Ⅰ段校验。

1）状态 1（正常空载状态）。用继电保护测试仪给本装置加入 A、B、C 三相额定电压，电流可不加，等重合闸充电，直至“充电完成”灯亮。PCS-931 在 TV 断线但是没有放电条件下，差动保护投入也是可以充电的，所以此空载状态不加也可直接做差动保护试验。

2）状态 2（故障状态）。

a. 加故障相电流 $I_\phi=1.05\times0.5\times1.5\times I_{cdqd}$（$I_{cdqd}$ 为差动动作电流定值），模拟单相接地瞬时故障，故障状态时间设置为 50ms，保护单跳并重合，液晶上显示“纵联差动保护动作”，动作时间为 15ms 左右，如图 1-3 所示。

b. 加故障相电流 $I_\phi=0.95\times0.5\times1.5\times I_{cdqd}$（$I_{cdqd}$ 为差动动作电流定值），模拟单相接地瞬时故障，故障状态时间设置为 50ms，保护单跳并重合，液晶上显示“纵联差动保护动作”，动作时间为 40ms 左右（此时是差动Ⅱ段动作），如图 1-4 所示。

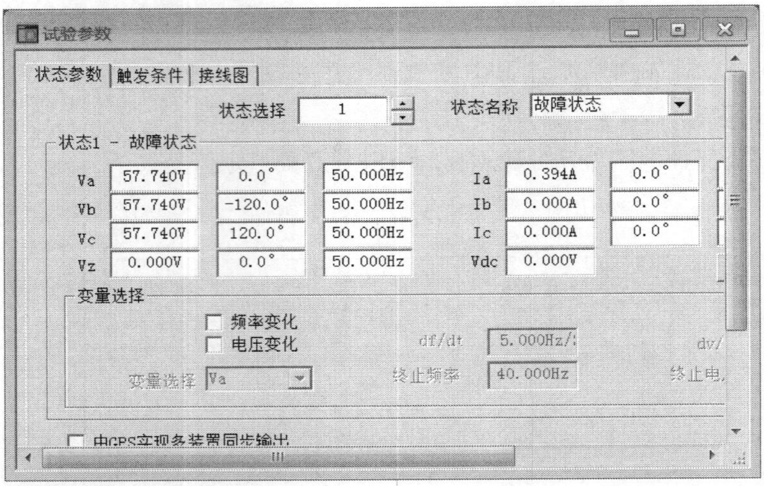

2019-07-03 15:33:21:769ms	
0000ms	保护启动
0013ms	A 纵联差动保护动作
0705ms	重合闸动作
	故障相电压 57.86V
	故障相电流 0.39A
	最大零序电流 0.40A
	最大差动电流 0.79A
	故障测距 210.00km
	故障相别 A

图 1-3　差动保护稳态 I 段试验加量及动作报告（动作时间 15ms）

（2）差动保护稳态 II 段校验。

1）状态 1（正常空载状态）。同差动保护稳态 I 段校验状态 1。

2）状态 2（故障状态：差动保护稳态 II 段试验）。

a．加故障相电流 $I_{\phi}=1.05\times0.5\times1.5\times I_{cdqd}$（$I_{cdqd}$ 为差动动作电流定值），模拟单相接地瞬时故障，故障状态时间设置为 100ms，保护单跳并重合，液晶上显示“纵联差动保护动作”，动作时间为 40ms 左右，如图 1-5 所示。

b．加故障相电流 $I_{\phi}=0.95\times0.5\times1.5\times I_{cdqd}$（$I_{cdqd}$ 为差动动作电流定值），模拟单相接地瞬时故障，故障状态时间设置为 100ms，保护不动作，液晶上显示“保护启动”，如图 1-6 所示。

（3）TA 断线闭锁差动逻辑校验。

1）状态 1（正常运行中发生 TA 断线）。加入三相正常电压和单相电流（0.15A 左右），持续时间大于 10s，等保护发出“TA 断线”的告警报文后，进入下一个故障状态。

2）状态 2（单相接地故障）。在其他相中加入电流 $I=1.05\times0.5\times I_{TA}$（$I_{TA}$ 为 TA 断线差流定值），故障状态时间设置为 150ms，差动保护动作，液晶上显示“纵联差动保护动作”，动作时间为 170ms 左右（TA 非断线相差动保护逻辑与正常逻辑一致，此处不再校验），如图 1-7 所示。

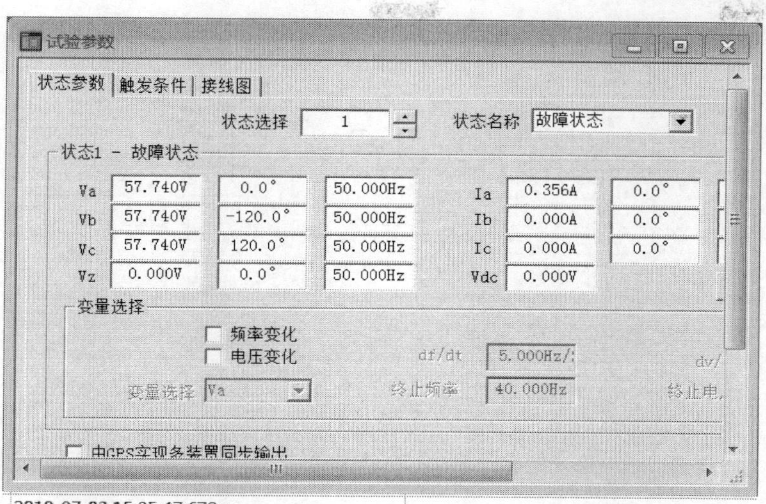

2019-07-03 15:35:47:672ms	
0000ms	保护启动
0030ms	A 纵联差动保护动作
0703ms	重合闸动作
	故障相电压 57.89V
	故障相电流 0.36A
	最大零序电流 0.36A
	最大差动电流 0.71A
	故障测距 251.30km
	故障相别 A

图 1-4 差动保护稳态 I 段试验加量及动作报告（动作时间 40ms）

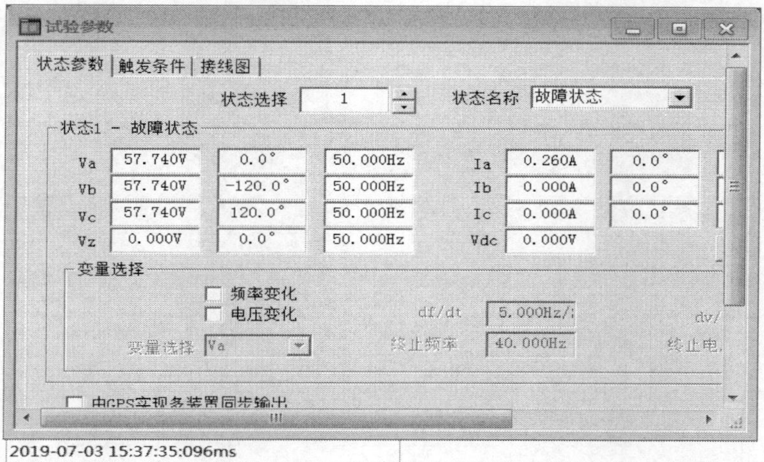

2019-07-03 15:37:35:096ms	
0000ms	保护启动
0035ms	A 纵联差动保护动作
0699ms	重合闸动作
	故障相电压 57.85V
	故障相电流 0.26A
	最大零序电流 0.27A
	最大差动电流 0.53A
	故障测距 200.00km
	故障相别 A

图 1-5 差动保护稳态 II 段试验加量及动作报告（动作时间 40ms）

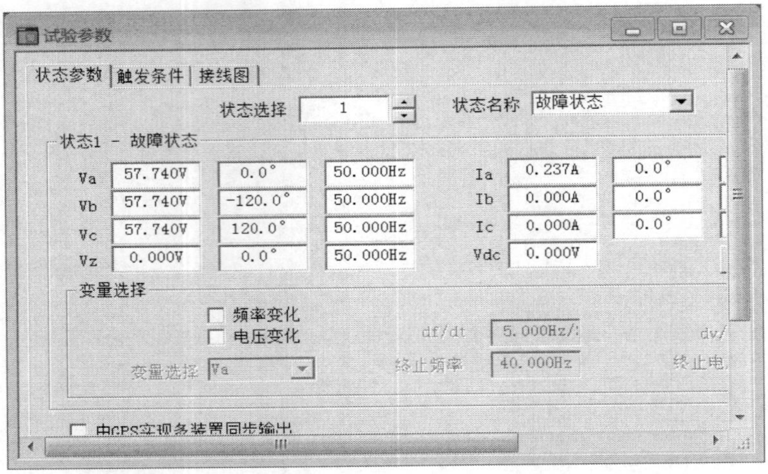

图 1-6　差动保护稳态 II 段试验加量（动作时间 100ms）

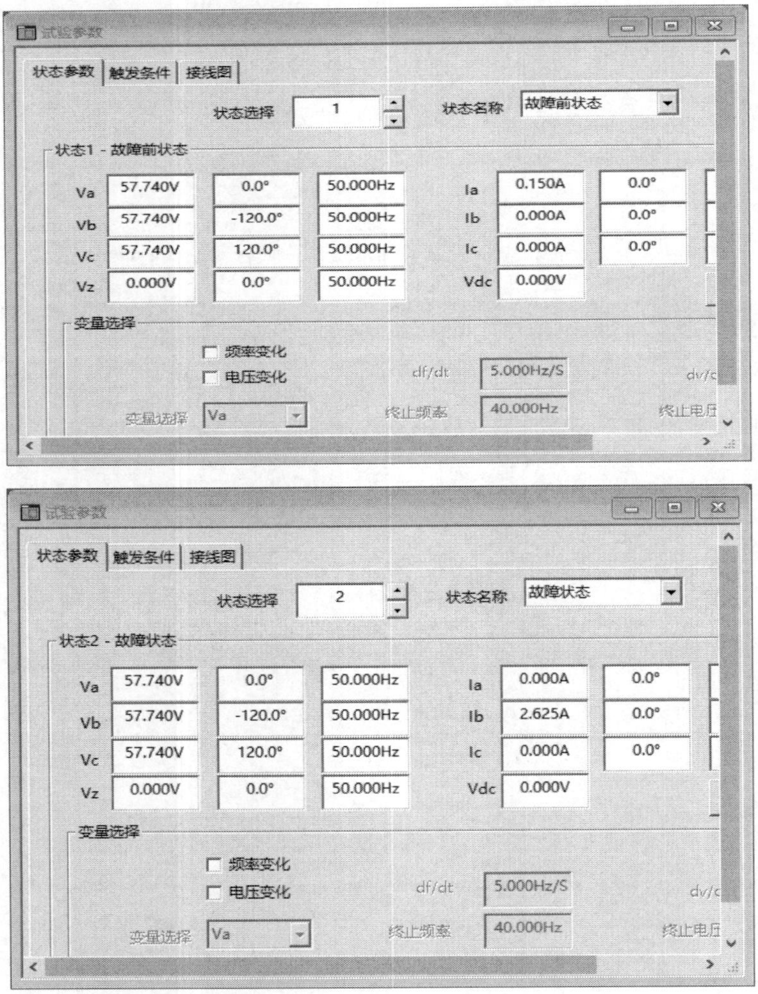

图 1-7　TA 断线闭锁差动逻辑校验（一）

该相电流设置成 $I=0.95\times0.5\times I_{TA}$（$I_{TA}$ 为 TA 断线差流定值），电流差动保护不动作，如图 1-8 所示。

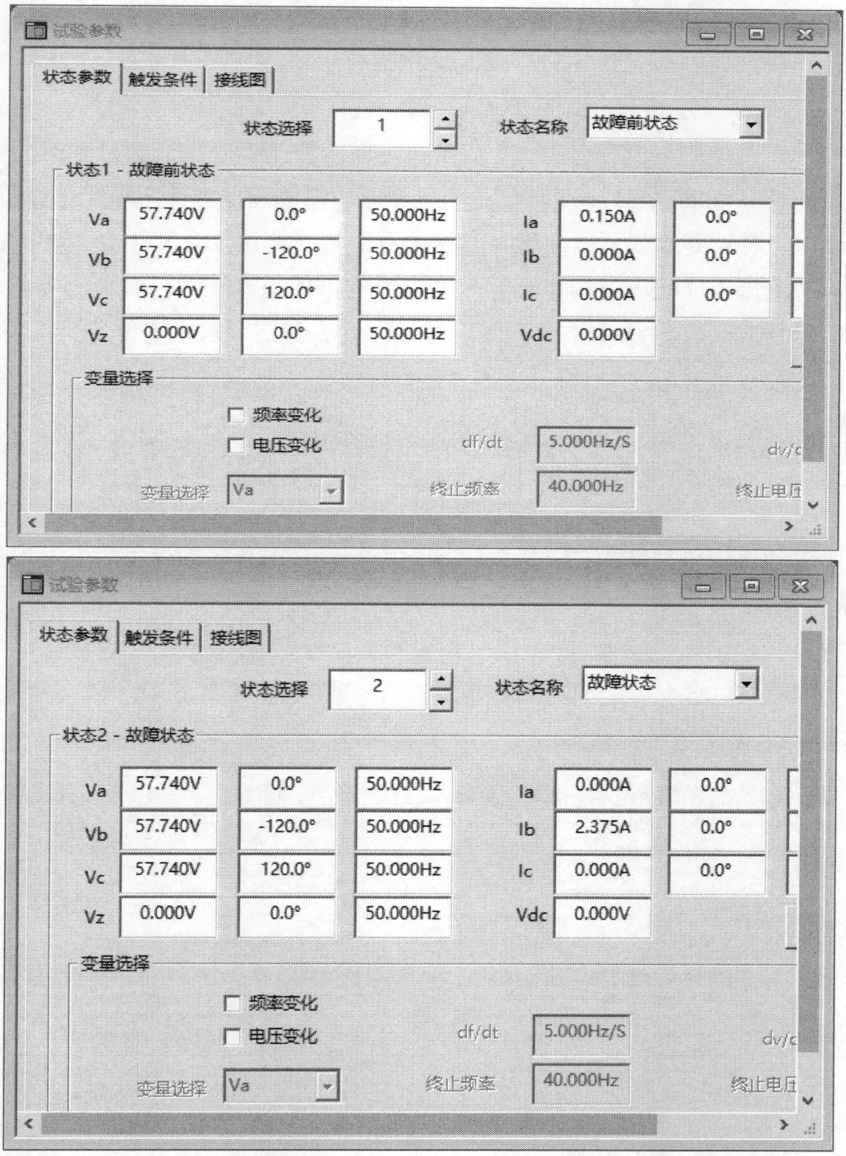

图 1-8 TA 断线闭锁差动逻辑校验（二）

整定定值中“TA 断线闭锁差动”控制字置 1，重复上述试验，保护不动作。

（三）零序差动保护

1. 试验原理

对于经高过渡电阻接地故障，采用零序差动继电器具有较高的灵敏度，由零序差动继电

器，通过低比率制动系数的稳态差动元件选相，构成零序差动保护，经 40ms 延时动作。其动作方程为

$$\begin{cases} I_{\text{CD0}} > 0.75 I_{\text{R0}} \\ I_{\text{CD0}} > I_{\text{L}} \\ I_{\text{CD}\phi} > 0.15 I_{\text{R}\phi} \\ I_{\text{CD}\phi} > I_{\text{L}} \end{cases} \tag{1-2}$$

式中 I_{CD0}——零序差动电流，$I_{\text{CD0}}=|\dot{I}_{\text{M0}}+\dot{I}_{\text{N0}}|$，即为两侧零序电流矢量和的幅值；

I_{R0}——零序制动电流，$I_{\text{R0}}=|\dot{I}_{\text{M0}}-\dot{I}_{\text{N0}}|$，即为两侧零序电流矢量差的幅值。

无论电容电流补偿是否投入，I_{L} 均为差动电流定值（整定值）和 1.25 倍实测电容电流的大值。故障前的电流 I_{C}（实测电容电流）应合理给定，使稳态差动Ⅱ段 I_θ 和零差 I_{L} 的动作值不同。正常运行时差流达到差动电流定值 I_{CD} 的 0.8 时，满足“长期有差流”报警条件（等效 TA 断线），因此要求 $I_{\text{C}}<0.8I_{\text{CD}}$（即 $1.25I_{\text{C}}<I_{\text{CD}}$），则 I_{L} 必然取 I_{CD}。为使差动Ⅱ段按照 $1.5I_{\text{C}}$ 动作，则 $1.5I_{\text{C}}>I_{\text{CD}}$，即要求 $0.67I_{\text{CD}}<I_{\text{C}}<0.8I_{\text{CD}}$。因此故障前 I_{C} 可取 $0.75I_{\text{CD}}$，故障态的故障电流 $I=m\times0.5\times I_{\text{L}}$，1.05 倍零差保护动作，0.95 倍零差保护不动作。

2. 试验条件

为使零序差动保护单独动作，不投入电容电流补偿（防止差动保护稳态Ⅱ段同时动作）。

3. 试验步骤

（1）状态 1（正常充电状态）。模拟三相正常电压空载运行（有电容电流），三相对称的电压和电流（$I=0.75\times0.5\times I_{\text{CD}}$），状态持续时间 24s，等待 TV 断线恢复和重合闸充电完成，如图 1-9 所示，I_{CD} 为差动电流定值。

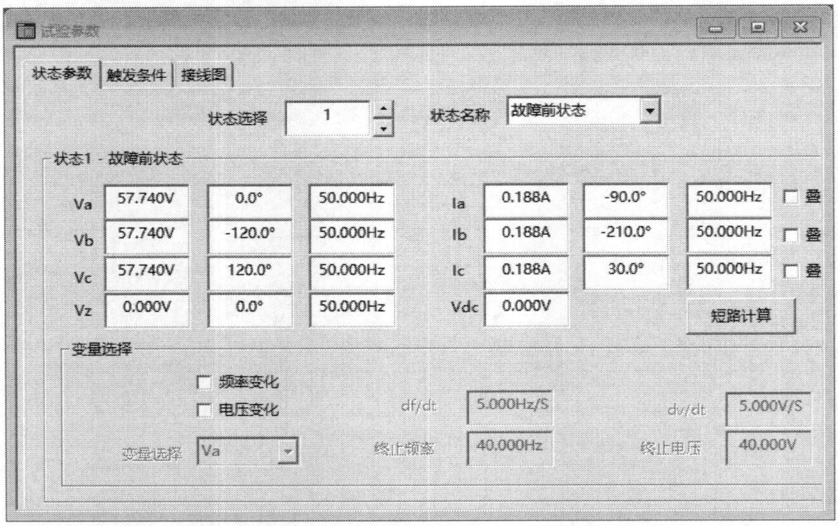

图 1-9 电容电流充电状态

（2）状态 2（故障状态）。计算零差保护的电流门槛 I_{L}，故障电流 $I=m\times0.5\times I_{\text{CD}}$，$m=1.05$

时动作，$m=0.95$ 时不动作，如图 1-10 所示。

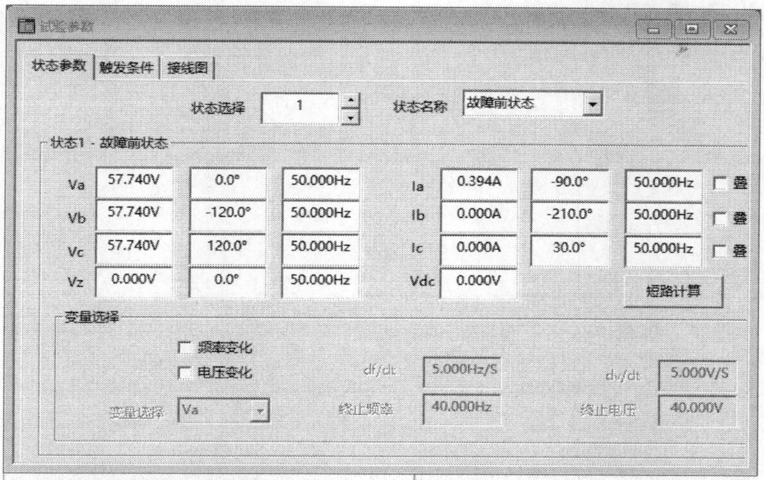

2019-07-16 17:04:29:291ms	
0000ms	保护启动
0055ms	A 纵联差动保护动作
0904ms	重合闸动作
	故障相电压 57.79V
	故障相电流 0.26A
	最大零序电流 0.26A
	最大差动电流 0.52A
	故障测距 110.30km
	故障相别 A

图 1-10 零序差动保护试验加量

（四）距离保护

1. 试验原理

系统故障示意图如图 1-11 所示。

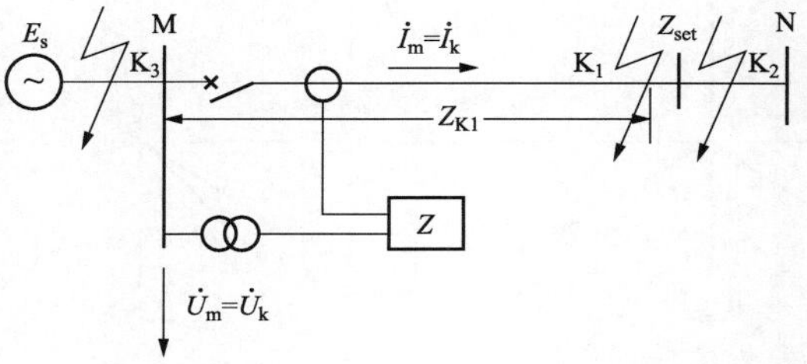

图 1-11 系统故障示意图

单相金属性接地故障短路电压计算公式为

$$\dot{U}_{\phi}=(1+K)\ \dot{I}_{\phi}mZ_{ZD1} \tag{1-3}$$

式中 K——零序补偿系数；

Z_{ZD1}——接地距离保护阻抗定值。

A 相接地正方向故障时的相量图如图 1-12 所示。

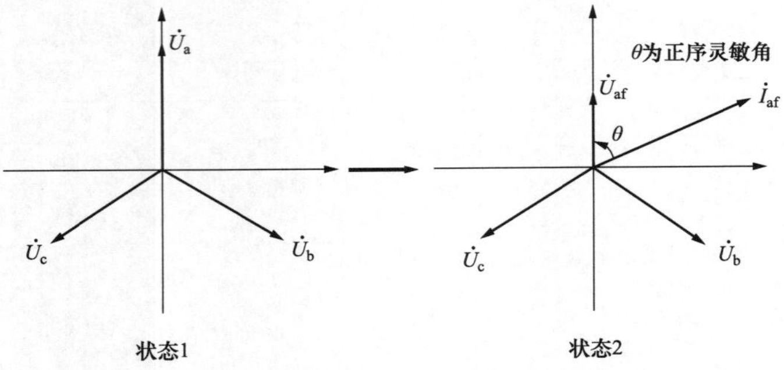

图 1-12　A 相接地正方向故障时的相量图

两相金属性短路故障短路电压计算公式为

$$\dot{U}_{\phi\phi}=\dot{I}_{\phi\phi}mZ_{ZD}=2\dot{I}_{\phi}mZ_{ZD} \tag{1-4}$$

式中 $\dot{U}_{\phi\phi}$——相间短路电压；

$\dot{I}_{\phi\phi}$——相间短路电流；

Z_{ZD}——相间距离保护阻抗定值。

考虑继电保护测试仪加量，需要将相间电压换算为相电压，下面提供两种换算方法。

方法一：相间短路不考虑零序电压为 0 的条件，假设短路两相电压相角差仍然为 120°，$|\dot{U}_{\phi}|=|\dot{U}_{\phi\phi}|/\sqrt{3}$，三相电压按照互差 120°设置（下述调试案例中采用方法一）。

方法二：相间短路严格遵守零序电压为 0 的条件，可得如下条件：①$|\dot{U}_{af}|=|\dot{U}_{bf}|$；②$\dot{U}_{af}$和$\dot{U}_{bf}$的相量和与$\dot{U}_c$大小相等，方向相反；③$\dot{U}_{ab}$与$-\dot{U}_c$垂直。

依照图 1-13 可计算出各相电压幅值及相位。

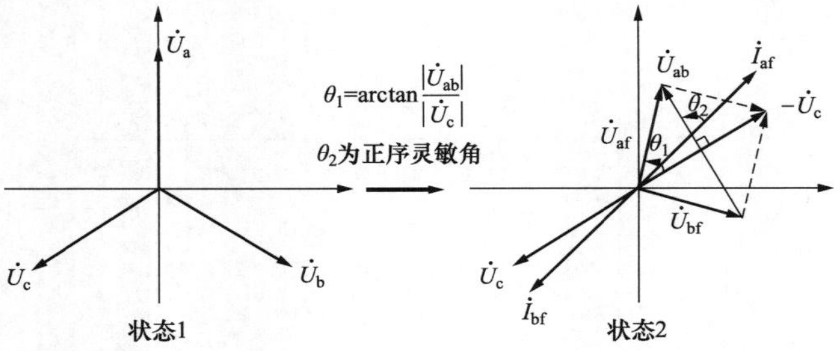

图 1-13　AB 相间正方向短路故障时的相量图

2. 试验条件

保护定值控制字中“距离保护 I 段”置 1、“单相重合闸”置 1。其他段距离保护也可以一起投入，退出零序过流保护和差动保护，以免干扰距离保护的试验。

3. 试验步骤

（1）单相接地故障校验。

1）状态 1（正常空载运行）。用继电保护测试仪给本装置加入 A、B、C 三相额定电压，电流可不加，持续时间 18s，此状态要保证 TV 断线信号消失（2s），距离保护才能投入；充电灯亮（15s），重合闸才能动作，如图 1-14 所示。

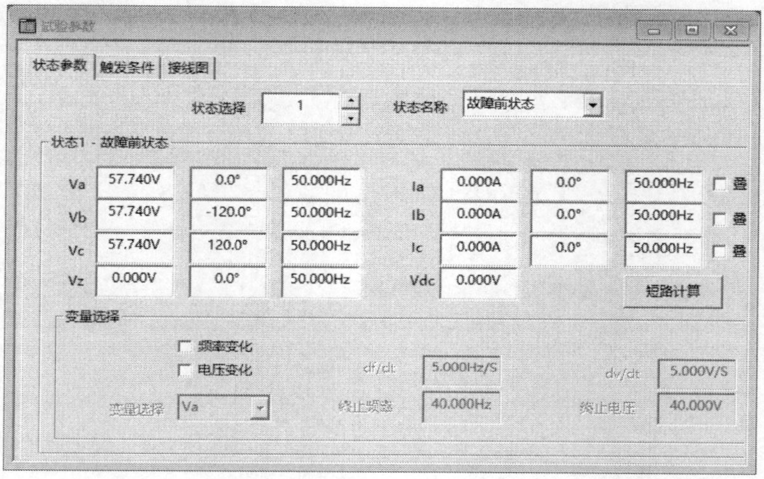

图 1-14 正常空载运行状态

2）状态 2（分别模拟图 1-11 中 K_1、K_2 和 K_3 点故障，校验保护动作行为）。

a. K_1 点接地故障：m=0.95 时正方向区内故障，加适当大小的故障相电流 I_ϕ（如 3A），按式（1-3）计算出故障相电压大小，故障相电流滞后故障相电压的角度为正序灵敏角定值，模拟各相单相接地故障，故障状态时间设置为 50～100ms，保护单跳并重合，如图 1-15 所示。

b. K_2 点接地故障：m=1.05 时正方向区外故障，加适当大小的故障相电流 I_ϕ（如 3A），按式（1-3）计算出故障相电压大小，故障相电流滞后故障相电压的角度为正序灵敏角定值，模拟各相单相接地故障，故障状态时间设置为 50～100ms，保护不动作，如图 1-16 所示。

c. K_3 点接地故障：m=0.7 时反方向故障，试验方法参照 K_1 点接地故障，故障相电流在原基础上反向 180°即可，故障状态时间设置为 50～100ms，保护不动作，如图 1-17 所示。

（2）相间短路故障校验。

1）状态 1（正常空载运行）。同单相接地故障试验状态 1。

2）状态 2（分别模拟图 2-11 中 K_1、K_2 和 K_3 点故障，校验保护动作行为）。

a. K_1 点相间故障：m=0.95 时正方向区内故障，加两个大小相等方向相反的故障相电流 I_ϕ（如 3A），按式（1-4）计算出故障相间电压大小，故障相间电流滞后相间电压的角度为正序灵敏角定值，则故障相电流相位为正序灵敏角减去 30°，然后计算出故障相的电压（故障相间电压的相位差可以设置为 120°，则故障相电压幅值是相间电压的$1/\sqrt{3}$）。模拟各个相间故障，故障状态时间设置为 50～100ms，保护三相跳闸不重合，如图 1-18 所示。

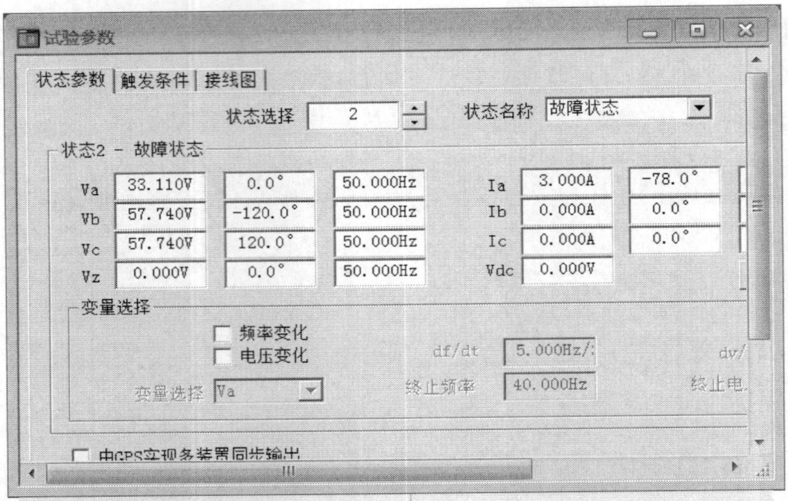

2019-07-05 12:54:45:004ms	
0000ms	保护启动
0033ms	A 接地距离 I 段动作
0914ms	重合闸动作
	故障相电压 33.15V
	故障相电流 3.00A
	最大零序电流 3.00A
	最大差动电流 6.01A
	故障测距 67.40km
	故障相别 A

图 1-15　A 相接地正方向区内故障

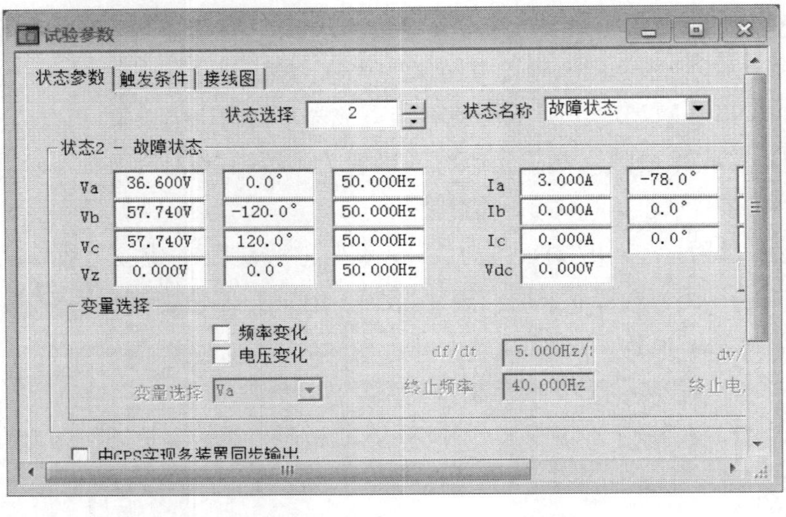

图 1-16　A 相接地正方向区外故障

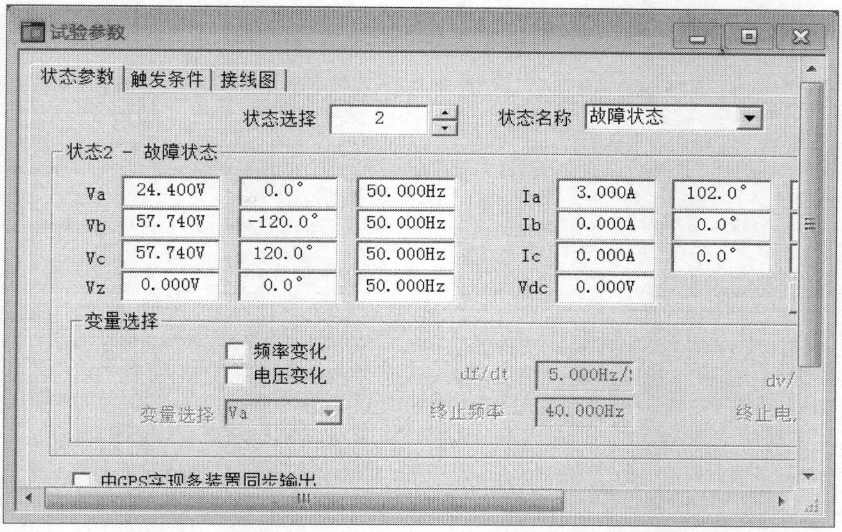

图 1-17 A 相接地反方向故障

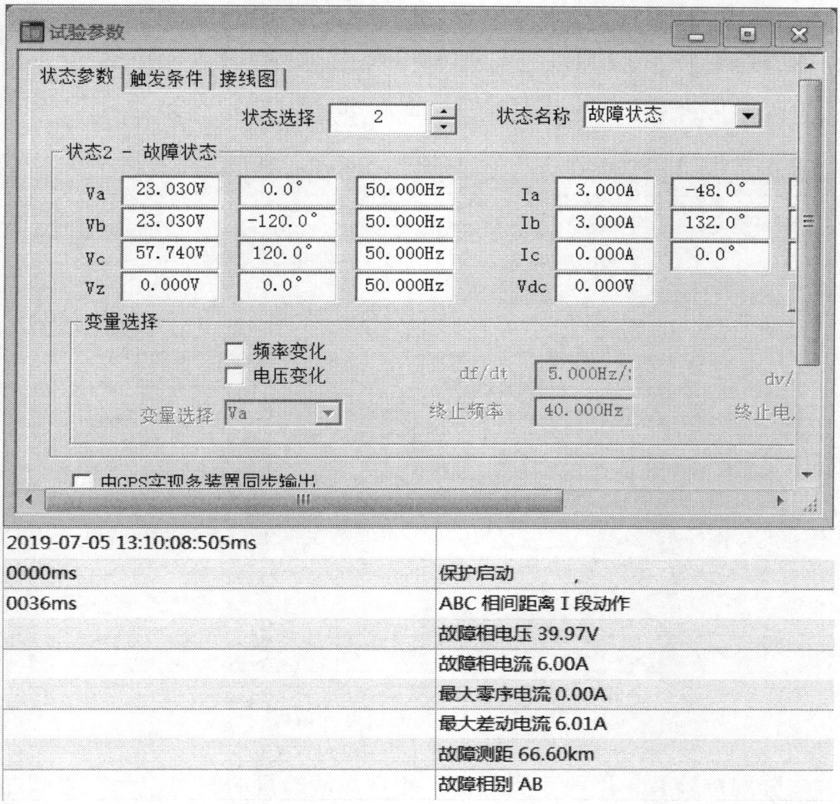

2019-07-05 13:10:08:505ms	
0000ms	保护启动
0036ms	ABC 相间距离 I 段动作
	故障相电压 39.97V
	故障相电流 6.00A
	最大零序电流 0.00A
	最大差动电流 6.01A
	故障测距 66.60km
	故障相别 AB

图 1-18 AB 相间正方向区内故障

b．K_2点相间故障：m=1.05 时正方向区外故障，试验方法参照K_1点相间故障，故障状态时间设置为 50～100ms，保护不动作，如图 1-19 所示。

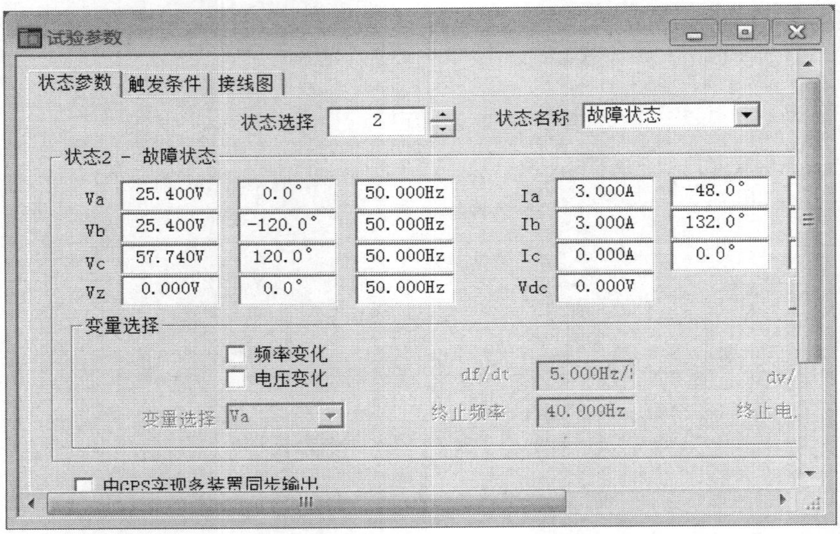

图 1-19　AB 相间正方向区外故障

c．K_3点相间故障：m=0.7 时反方向故障，试验方法参照K_1点相间故障，两个故障相电流在原基础上反向 180°即可，故障状态时间设置为 50～100ms，保护不动作，如图 1-20 所示。

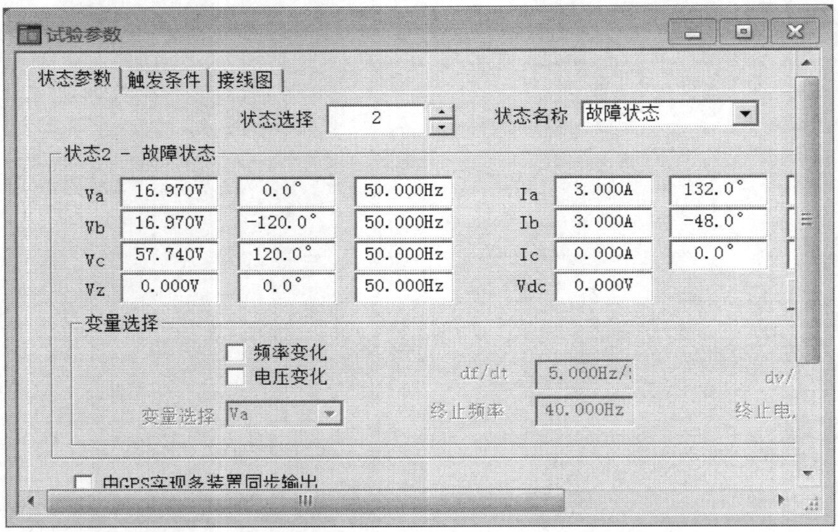

图 1-20　AB 相间反方向故障

按上述方法分别校验Ⅱ、Ⅲ段距离保护，注意加故障量的时间应大于相应保护段定值延时时间。

做瞬时性接地故障时，所加故障时间不要超过保护动作时间 150ms，否则保护单跳失败三跳不重合。距离III段动作时，保护内部固定三跳不重合。

（五）工频变化量阻抗保护

1. 试验原理

根据工频变化量原理，可得工频变化量计算公式为

$$\begin{cases}\Delta\dot{U}_{op}=\Delta（\dot{U}_{m}-\dot{I}_{m}Z_{set}）=\Delta\dot{U}_{m}-\Delta\dot{I}_{m}Z_{set}\\ |\Delta\dot{U}_{op}|>|\Delta\dot{U}_{F}| \quad （动作条件）\\ |\Delta\dot{U}_{F}|=1.05U_{n} \quad （U_{n}=57.74V）\\ \Delta\dot{U}_{m}=\dot{U}_{\phi}-\dot{U}_{n}\\ \Delta\dot{I}_{m}=\dot{I}_{\phi}-0 \quad （假设负载很小）\end{cases} \tag{1-5}$$

根据式（1-5）可推导出故障相电压与故障电流之间的关系，单相接地故障为

$$\dot{U}_{\phi}=(1+K)\ \dot{I}_{\phi}Z_{set}+(1-1.05m)\ \dot{U}_{n} \tag{1-6}$$

式中 K——零序补偿系数；

Z_{set}——工频变化量阻抗定值。

相间接地故障同理可推导出

$$\dot{U}_{\phi\phi}=\dot{I}_{\phi\phi}Z_{set}+(1-m)\sqrt{3}\dot{U}_{n} \tag{1-7}$$

2. 试验条件

整定保护定值控制字中“工频变化量阻抗”置1，退出距离保护I段控制字。

3. 试验步骤

（1）单相接地故障校验。

1）状态1（正常空载运行）。用继电保护测试仪给本装置加入A、B、C三相额定电压，电流可不加，时间20s，直至“充电完成”灯亮。

2）状态2（模拟正方向单相接地故障）。加适当故障相电流 $\dot{I}_{\phi}$，故障相电流滞后故障相电压的角度为本装置定值中的正序灵敏角，故障状态时间设置为50ms。当 m 取1.3时，保护单跳并重合，装置面板上相应灯亮，液晶上显示“工频变化量阻抗动作”，如图1-21所示。当 m 取0.9时，保护可靠不动作。

（2）相间短路故障校验。

1）状态1（正常空载运行）。用继电保护测试仪给本装置加入A、B、C三相额定电压，电流可不加，时间20s，直至“充电完成”灯亮。

2）状态2（模拟正方向相间故障）。加适当故障相电流 $\dot{I}_{\phi}$，则故障相间电流 $\dot{I}_{\phi\phi}=2\dot{I}_{\phi}$，故障相间电压 $\dot{U}_{\phi\phi}=\dot{I}_{\phi\phi}Z_{set}+(1-m)\sqrt{3}\dot{U}_{n}$，若故障相间电压的角度取特殊角120°，则故障相电压 $\dot{U}_{\phi}=\dot{U}_{\phi\phi}/\sqrt{3}$。当 m 取1.4时，保护三跳不重合，如图1-22所示。当 m 取0.9时，保护可靠不动作。

模拟上述反方向故障，故障相电流在原基础上反向180°即可，保护可靠不动作。

为避免距离保护也动作，可设置故障时间为15ms或退出距离I段保护控制字。

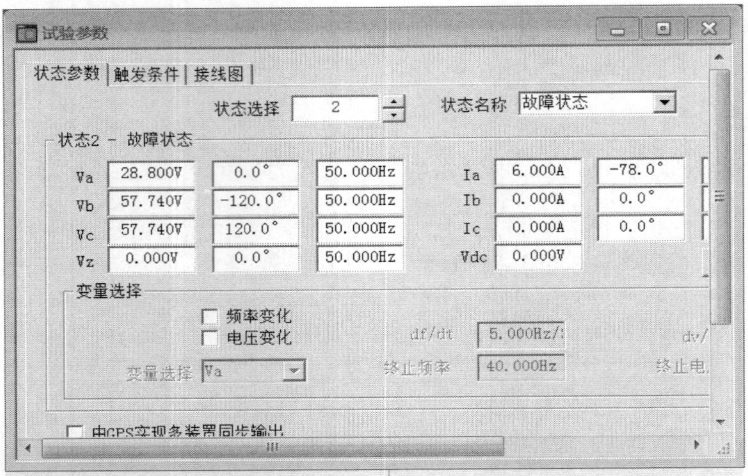

2019-07-05 13:27:56:766ms	
0000ms	保护启动
0009ms	A 工频变化量阻抗动作
0865ms	重合闸动作
	故障相电压 28.80V
	故障相电流 6.00A
	最大零序电流 6.00A
	最大差动电流 12.01A
	故障测距 29.20km
	故障相别 A

图 1-21　A 相接地正方向区内故障

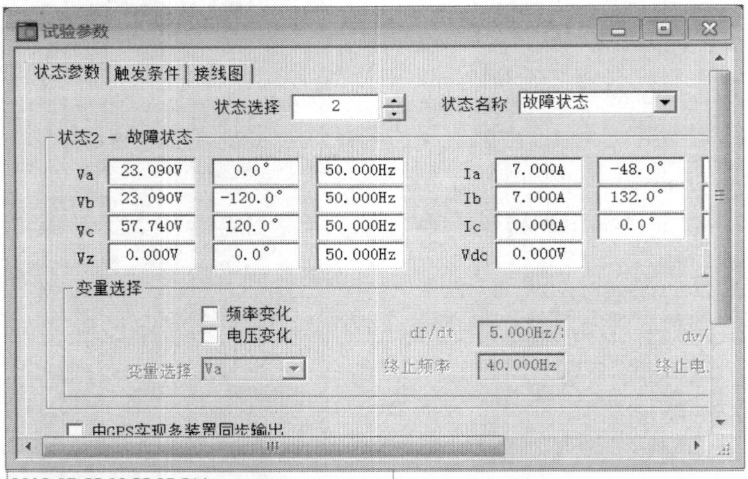

2019-07-05 13:32:35:211ms	
0000ms	保护启动
0015ms	ABC 工频变化量阻抗动作
	故障相电压 40.07V
	故障相电流 14.01A
	最大零序电流 0.01A
	最大差动电流 14.02A
	故障测距 28.60km
	故障相别 AB

图 1-22　AB 相间正方向区内故障

（六）零序电流方向保护

1. 试验原理

在系统正常运行时，只有正序分量，没有零序分量，当系统发生接地短路故障或不对称断线故障时才产生零序分量，为使保护能区分正、反方向故障，装置设有零序方向继电器，它在正方向区内短路时动作，反方向短路时不动作，该继电器最大动作灵敏角为$-3\dot{U}_0$超前$\dot{I}_0$约78°。零序方向元件动作特性如图1-23所示。

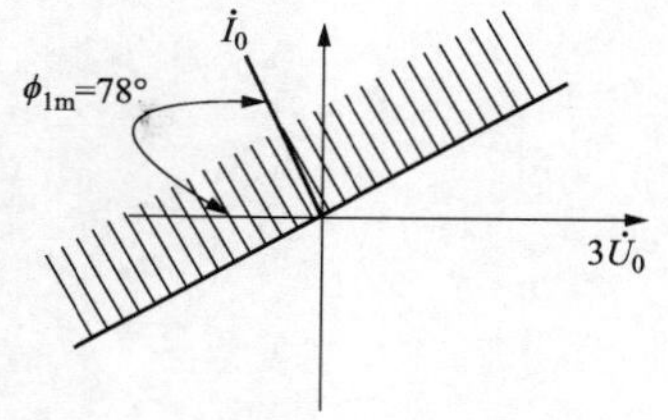

图1-23 零序方向元件动作特性

2. 试验条件

零序过流保护压板投入，定值中“零序电流保护”控制字置1。

零序过流Ⅱ段固定经方向，控制字不需整定，零序过流Ⅲ段经方向控制字可整定；零序过流保护压板投入，定值中“零序电流保护”控制字置1，零序过流加速元件投入。

3. 试验步骤

（1）零序过流Ⅱ段试验。

1）状态1（正常空载状态）。用继电保护测试仪给保护装置加入三相二次额定电压，电流可不加，时间加至“TV断线”灯熄灭，“充电完成”灯亮，一般28s即可。

2）状态2（模拟正方向单相接地故障）。故障相电流滞后故障相电压78°，零序灵敏角固定为78°，加故障相电压48V（需有零序电压可判方向），故障相电流为$\dot{I}_\phi=1.05\dot{I}_{02}$（其中$\dot{I}_\phi$为零序过流Ⅱ段定值），故障状态时间设置为本装置定值“零序过流Ⅱ段时间”+50ms，保护单跳并重合，装置面板上相应灯亮，液晶上显示“零序过流Ⅱ段动作”。

以A相接地故障为例，零序过流Ⅱ段保护试验状态相量图如图1-24所示，A相接地正方向区内故障如图1-25所示。

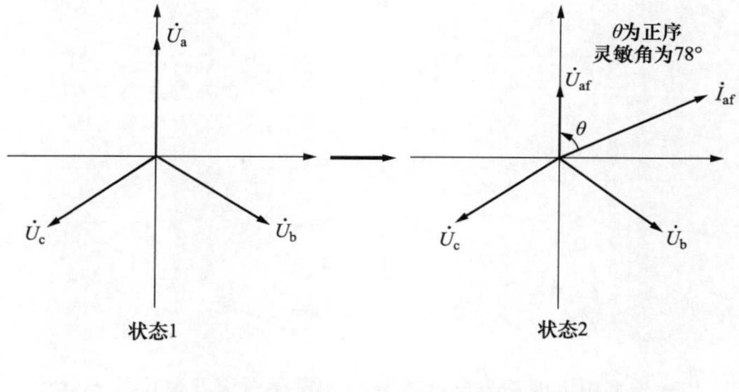

图1-24 零序过流Ⅱ段保护试验状态相量图

加故障相电压48V，故障相电流为$\dot{I}_\phi=0.95\dot{I}_{02}$，零序过流Ⅱ段不动作，如图1-26所示。

反方向故障校验，故障相电流滞后故障相电压的角度256°（78°+180°），$\dot{I}_\phi=1.2\dot{I}_{02}$，模拟单相反方向故障，零序Ⅱ段保护不动作，如图1-27所示。

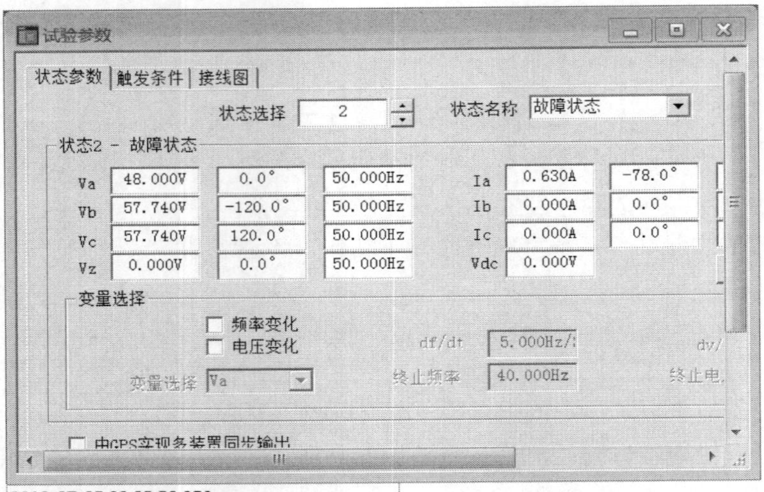

2019-07-05 08:25:50:353ms	
0000ms	保护启动
0330ms	A 零序过流Ⅱ段动作
1171ms	重合闸动作
	故障相电压 48.07V
	故障相电流 0.63A
	最大零序电流 0.62A
	最大差动电流 1.27A
	故障测距 200.00km
	故障相别 A

图 1-25　A 相接地正方向区内故障（零序过流Ⅱ段可靠动作）

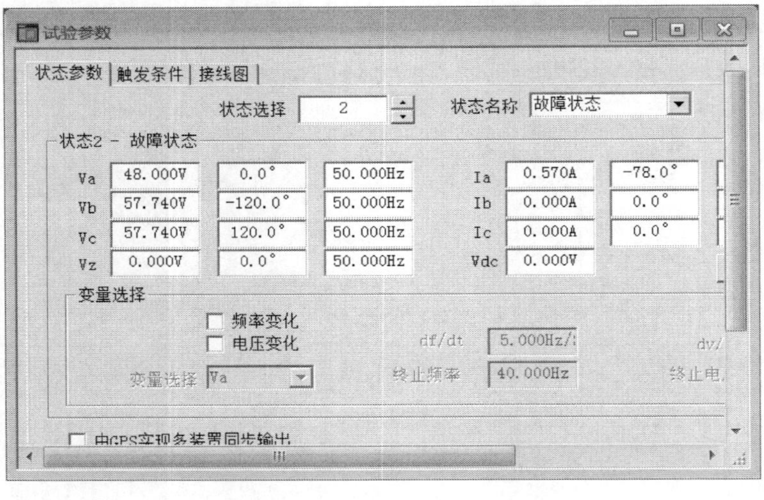

图 1-26　A 相接地正方向区内故障（零序过流Ⅱ段可靠不动作）

（2）零序过流Ⅲ段试验。

1）状态 1（正常空载状态）。用继电保护测试仪给保护装置加入三相二次额定电压，电流可不加，时间加至“TV 断线”灯熄灭，“充电完成”灯亮，一般 28s 即可。

2）状态 2（模拟正方向单相接地故障）。故障相电流滞后故障相电压 78°，零序灵敏角固定为 78°，加故障相电压 48V（需有零序电压可判方向），故障相电流为 $\dot{I}_{\phi}=1.05\dot{I}_{03}$（其中 $\dot{I}_{\phi}$ 为零序过流III段定值），故障状态时间零序过III段整定时间，保护三跳不重合（程序内部固定），装置面板上相应灯亮，液晶上显示“零序过流III段动作”，试验加量和动作报告如图 1-28 所示。

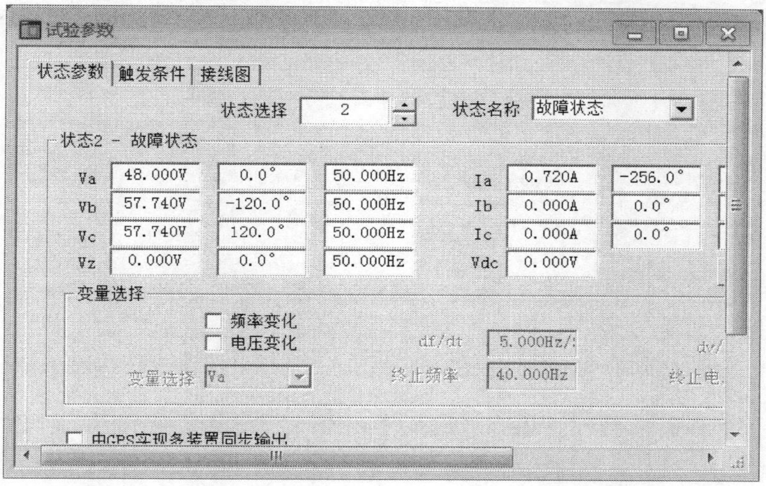

图 1-27　A 相接地反方向区外故障（零序过流 II 段不动作）

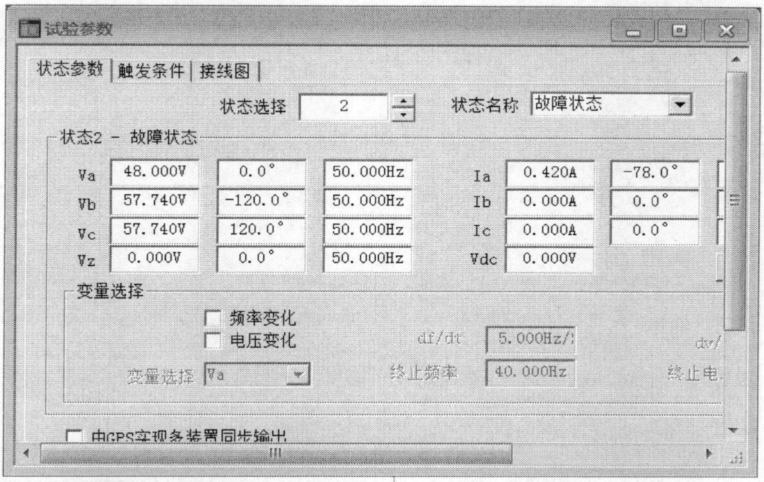

2019-07-05 08:41:32:971ms	
0000ms	保护启动
2014ms	ABC 零序过流III段动作
	故障相电压 48.08V
	故障相电流 0.42A
	最大零序电流 0.41A
	最大差动电流 0.84A
	故障测距 200.00km
	故障相别 A

图 1-28　A 相接地正方向区内故障（零序过流III段可靠动作）

3）加故障相电压 48V，故障相电流为 $\dot{I}_{\phi}=0.95\dot{I}_{03}$，零序过流III段不动作，如图 1-29 所示。

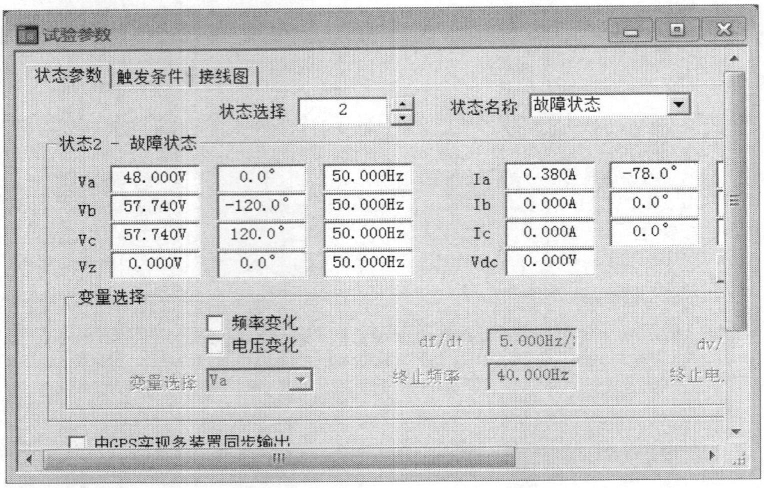

图 1-29　A 相接地正方向区内故障（零序过流III段可靠不动作）

4）反方向故障校验，故障相电流滞后故障相电压的角度 256°（78°+180°），$\dot{I}_{\phi}=1.2\dot{I}_{03}$，零序III段保护不动作，如果零序III段经方向控制字置 0，则零序III段反方向可以动作，如图 1-30 和图 1-31 所示。

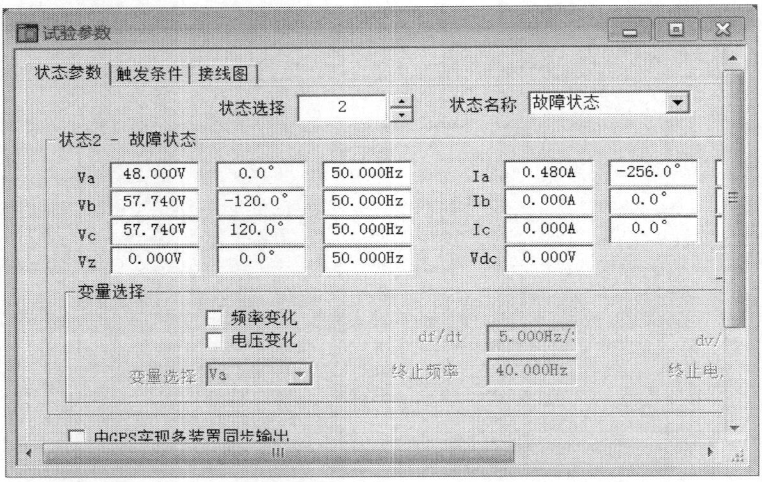

图 1-30　A 相接地反方向区外故障（零序过流III段不动作）

（3）零序过流加速段试验。

1）状态 1（正常空载状态）。用继电保护测试仪给保护装置加入三相二次额定电压，电流可不加，时间加至“TV 断线”灯熄灭，“充电完成”灯亮，一般 28s 即可。

2）状态 2（模拟正方向单相接地故障）。故障相电流滞后故障相电压 78°，零序灵敏角固定为 78°，加故障相电压 48V（需有零序电压可判方向），故障相电流为 $\dot{I}_{\phi}=1.05\dot{I}_{02}$（其中 $\dot{I}_{\phi}$ 为零序过流 II 段定值），故障状态时间设置为本装置定值“零序过 II 段时间”+50ms，保护单跳并重合。

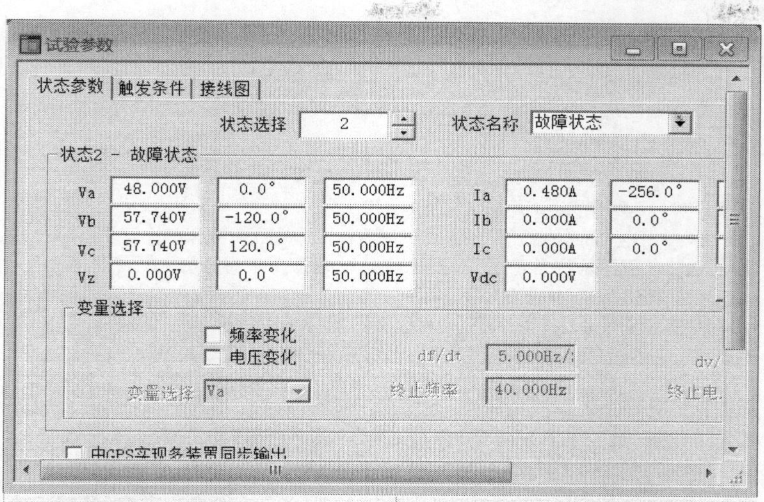

2019-07-05 08:46:59:069ms	
0000ms	保护启动
2014ms	ABC 零序过流Ⅲ段动作
	故障相电压 48.08V
	故障相电流 0.48A
	最大零序电流 0.48A
	最大差动电流 0.97A
	故障测距 0.00km
	故障相别 A

图 1-31 A 相接地反方向区外故障（零序过流Ⅲ段不经方向，可以动作）

3）状态 3（正常空载状态）。电压加入三相二次额定电压，电流不加，时间加 1s（大于保护重合闸整定时间 0.8s）。

4）状态 4（模拟重合于故障）。加故障相电压 48V，故障相所加故障相电流大于零序过流加速段定值，时间小于零序过流Ⅲ段整定时间（否则会带出零序Ⅲ段），单相重合闸时零序加速时间延时为 60ms，手合和三重时加速时间延时为 100ms，如图 1-32～图 1-34 所示。

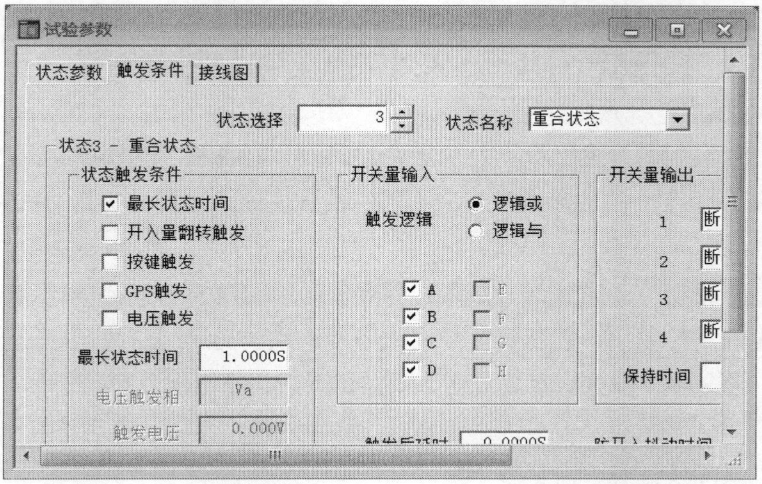

图 1-32 A 相接地正方向区内故障（零序过流Ⅱ段动作后进入重合状态）

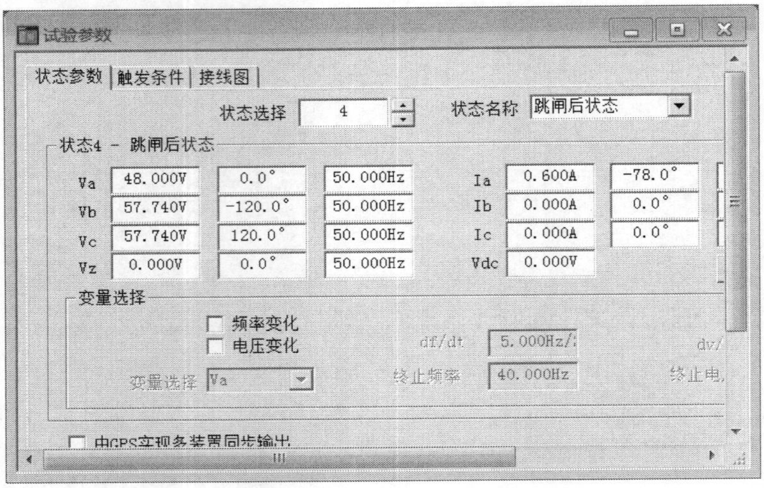

图 1-33　A 相接地正方向区内故障（零序加速动作）

2019-07-05 09:09:46:964ms	
0000ms	保护启动
0331ms	A 零序过流Ⅱ段动作
1172ms	重合闸动作
1426ms	ABC 零序加速动作
	故障相电压 48.09V
	故障相电流 0.63A
	最大零序电流 0.62A
	最大差动电流 1.27A
	故障测距 200.00km
	故障相别 A

图 1-34　A 相接地正方向区内故障（零序加速动作报告）

第三节　PCS-931 常见故障及排查方法

PCS-931 保护装置的常见故障，按照类型一般可分为保护定值整定错误、交流回路故障、开入/开出回路故障。不同的故障类型对应不同的故障现象，可根据实际的故障现象进行故障的排查。

保护定值整定错误一般设置保护装置实际定值与给定定值单整定不一致，例如设置保护参数、数值型定值、控制字、软压板等与定值单不一致；交流回路故障一般分为交流电压回路和交流电流回路故障，主要有 TA 分流、极性错误、相序错误、TV 开路、TV 相序、极性错误等；开入/开出回路故障一般分为功能压板、跳闸回路、信号回路等开关量故障。PCS-931 保护装置的常见故障及排查方法见表 1-4。

表 1-4 **PCS-931 保护装置常见故障及排查方法**

故障属性	故障类别	故障点设置	故障现象	排查方法
保护定值	TA 二次额定值整定错误	1A 的互感器，整定为 5A	加电流采样时，装置显示的电流是所加电流的 5 倍	检查“TA 二次额定值”是否与交流插件参数一致，并修正
		5A 的互感器，整定为 1A	加电流采样时，装置显示的电流是所加电流的 20%	
	启动定值不合理	零序Ⅱ段动作值设为 1A，启动值设为 6A	故障电流若小于 6A 的启动值，零序保不动护作	检查相关定值，并修正
	软压板整定错误	将试验要求保护元件的功能软压板退出	保护元件不能动作	检查相关定值，并修正
	动作定值不合理	保护定值中“零序过流Ⅲ段”定值比“零序电流Ⅱ段”大	装置闭锁	检查相关定值，并修正
	控制字整定错误	将试验要求保护元件的相关控制字退出	保护元件不能动作	检查相关定值，并修正
		方向保护方向指向错误	校验的方向与实际方向相反	
	打印机参数设置错误	打印机串口波特率设置错误	打印乱码	检查打印回路和打印波特率
交流回路	TA 分流（以 A 相为例）	A 相 CT 的极性端与非极性端短接（短接 1ID1 跟 1ID5）	A 相的电流幅值异常，不影响非故障相和外接零序电流	检查故障相电流端子有无附加短接线
	TA 极性错误（以 A 相为例）	A 相 TA 的极性端与非极性端交换（1ID1 跟 1ID5 内部线互换）	A 相的电流相位错误，不影响非故障相和外接零序电流	检查故障相电流端子号
	TA 相序错误（以 A、B 相为例）	A 相 TA 的两个极性端交换（1ID1 跟 1ID2 内部线互换）	A、B 相的电流幅值/相位错误，不影响非故障相和外接零序电流	根据幅值和相位确定故障相别，检查故障相电流端子号
	TV 开路（以 A 相为例）	A 相 TV 开路（1UD1 端子虚接）	A 相电压幅值异常，不影响非故障相电压	万用表测量相 TV 回路电阻，检查 TV 相端子
	TV 相序错误（以 A、B 相为例）	两相 TV 的输入端交换（1UD1 跟 1UD2 内部线互换）	A、B 相的电压幅值/相位错误，不影响非故障相电压	根据幅值和相位确定故障相别，检查故障相电流端子号
	N 相接线错误	N 相开路［7UD19（1UD4）虚接］	三相电压幅值/相位均异常	N 相回路异常，检查 TV 的 N 相端子
开入/开出回路	光耦电源公共端虚接	光耦电源公共端虚接［虚接 1RD1（1nP107）］	投入任一个功能压板时，对应的开入不变位，无变位报告，影响保护的功能试验	功能压板光耦电源消失，检查电缆、短接片、端子
	特定输入回路虚接	将特定功能压板回路端子虚接或挪至其他端子	投入该功能压板时，对应的压板不变位，无变位报告，影响保护的功能试验	功能压板回路断线，检查对应的压板及其相关回路
	功能压板输入不对应	不同功能的压板电缆交换接线	投入功能压板时，相应的压板不变位，而其他压板输入有变化，并影响保护的功能试验	检查对应的压板及其相关回路
	两个功能压板同时动作	两个功能压板下端短接（如短接 1RLP5-2-1RLP7-2）	投入一个压板，两个开入同时变位（零序与停用重合闸同时动作）	检查同时变位的开入回路

续表

故障属性	故障类别	故障点设置	故障现象	排查方法
开入/开出回路	功能压板回路并联跳闸触点	将“保护跳闸”触点并接在“光耦电源＋”与功能压板公共之间	保护动作时，投入某个功能，如差动保护功能。试验距离保护时引起差动保护动作	通过分析装置的变位报告，确定有无异常变位。检查光耦输入回路
	两相或三相 TWJ 回路短接（以 B、C 相为例）	两相或三相跳闸回路短接［短接 4QD22（1KD2）与 4QD25（1KD3）］	同时启动 B 相和 C 相跳闸回路，保护单跳时跳开两相	检查跳闸回路
	闭锁重合闸开入异常	闭锁重合闸输入短接	闭重开入为 1，不充电	检查闭锁重合闸开入回路
		利用保护单跳触点（备用跳闸、遥信等）启动闭锁重合闸开入	保护单跳后放电，若故障电流持续，保护再三跳	检查闭锁重合闸开入过来的相关回路，如位置信号、跳闸信号等
	操作电源失电	虚接操作电源正，操作箱无法工作［虚接 4QD1（4n1）］	操作箱电源灯灭，注意确认闭锁重合闸信号	操作箱电源指示灯灭，检查直流电源输入回路
	三跳 TJQ/永跳 TJR/非电量跳 TJF 回路问题	保护重合闸触点接到 TJQ［交换 4QD29（4n23）与 4QD11（4n28）］	重合时启动 TJQ，跳闸灯亮，闭锁重合闸开入为 0	检查永跳等输入端的连线，确定是否与保护跳、合闸回路、位置回路以及各种信号回路的触点有关
		保护重合闸触点接到 TJR［交换 4QD29（4n23）与 4QD14（4n2）］	重合时启动 TJR，跳闸灯亮，闭锁重合闸开入变 1	
		保护重合闸触点接到 TJF［交换 4QD29（4n23）与 4QD16（4n22）］	重合时启动 TJF，跳闸灯亮，闭锁重合闸开入变 1	

第四节　PCS-931 线路保护实操案例及解析

一、PCS-931 线路保护实操案例

（一）试验条件

（1）保护装置为 220kV 线路保护，线路处于检修状态，所有功能及出口压板均在退出位置。TA 变比为 1200/5，TV 变比为 220kV/100V，重合闸为单重方式；线路开关在合位。

（2）运行定值在 1 区，定值单见表单样例。

（3）试验仪仅提供三相电流输出；所有试验必须用手动菜单或状态序列，手动设置完成。

（4）答题卡见表单样例。

（二）试验项目

1. 差动保护试验，并传动开关

对侧 TA 极性错误，正常运行时出现差流，装置报“通道一长期有差流”后，线路发生 C 相永久性接地故障，假设非故障相电流维持不变，试模拟该过程，并分别完成以下试验：

（1）校验纵联差动保护动作电流门槛。要求校验在此情况下的 0.95 倍和 1.05 倍纵联差动保护动作电流门槛。

（2）传动开关。要求：

1）投入所有保护功能压板。

2）纵联差动保护、工频变化量距离、距离Ⅰ段、重合闸、距离加速、零序加速均动作。

3）开关传动正确。

2. 相间距离Ⅱ段保护试验

要求：

（1）模拟线路AB相间故障。

（2）手动计算，要求故障时I_{AB}＝10A，$\dot{U}_C$＝57.74∠120°V，$3U_0$＝0。

（3）校验相间距离Ⅱ段阻抗定值。

（4）测试相间距离Ⅱ段动作时间（阻抗定值的0.7）。

二、技能操作评分表

技能操作评分表见表1-5。

表1-5　技能操作评分表

<table>
<tr><td>考生号</td><td colspan="2"></td><td>台号</td><td colspan="2"></td><td>轮次</td><td colspan="2"></td></tr>
<tr><td>操作时间</td><td colspan="5">时　　分～　　时　　分</td><td>累计用时</td><td colspan="2">分</td></tr>
<tr><td>竞赛题目</td><td colspan="8">PCS-931A-G线路保护装置试验</td></tr>
<tr><td>操作要求</td><td colspan="8">单独操作，注意安全，文明操作</td></tr>
<tr><td>设备场地</td><td colspan="8">设备：PCS-931A-G线路保护装置测试仪，测试线，工具箱</td></tr>
<tr><td rowspan="6">评分标准</td><td>序号</td><td>项目</td><td>要求</td><td>分值</td><td colspan="2">评分细则</td><td>得分</td><td>备注</td></tr>
<tr><td>1</td><td>安全措施</td><td>安全措施报告的项目完整</td><td>8</td><td colspan="2">交流回路、出口、失灵等安全措施</td><td></td><td></td></tr>
<tr><td rowspan="3">2</td><td rowspan="3">试验接线</td><td>试验仪接地</td><td>1</td><td colspan="2">打开电源开关前试验仪接地</td><td rowspan="3"></td><td rowspan="3"></td></tr>
<tr><td rowspan="2">按图纸正确接线</td><td rowspan="2">1</td><td colspan="2">电流接线正确0.5分</td></tr>
<tr><td colspan="2">电压接线正确0.5分</td></tr>
<tr><td>3</td><td>校验项目1</td><td>差动保护试验，并传动开关。
对侧TA极性错误，正常运行时出现差流，装置报“通道一长期有差流”后，线路发生C相永久性接地故障，假设非故障相电流维持不变，试模拟该过程，并分别完成以下试验：
（1）校验纵联差动保护动作电流门槛。要求校验在此情况下的0.95倍和1.05倍纵联差动保护动作电流门槛。
（2）传动开关。要求：
1）投入所有保护功能压板。
2）纵联差动保护、工频变化量距离、距离Ⅰ段、重合闸、距离加速、零序加速均动作。
3）开关传动正确</td><td>15</td><td colspan="2">模拟C相故障（1分）
模拟出长期有差流（2分）
非故障相电流不变（1分）
1.05倍纵联差动保护动作电流门槛（1分）I_C＝4.2A
纵联差动保护动作电流门槛的0.95倍（1分）I_C＝3.8A
光纤差动保护动作、工频变化量、接地距离Ⅰ段、重合闸、距离加速、零序加速（各1分，共6分）
开关正确传动（2分）
硬压板正确投入（1分）
少投1个压板扣0.5分，注通道二差动压板不投不扣分</td><td></td><td></td></tr>
</table>

续表

	序号	项目	要求	分值	评分细则	得分	备注
评分标准	4	校验项目 2	相间距离Ⅱ段保护试验。要求： （1）模拟线路 AB 相间故障。 （2）手动计算，要求故障时 $I_{AB}=10A$，$\dot{U}_C=57.74\angle 120°V$，$3U_0=0$。 （3）校验相间距离Ⅱ段阻抗定值。 （4）测试相间距离Ⅱ段动作时间（阻抗定值的 0.7）	15	AB 电流反相（1 分） $U_C=57.74V$，$3U_0=0$（1 分） 故障电压计算正确（2 分） 0.95 倍不动作（3 分） 0.95 倍 $U_{AB}=23.94V$ $\dot{U}_A=31.253\angle-37.480°V$ $\dot{U}_B=31.253\angle-82.519°V$ $\dot{U}_C=57.74\angle 120°V$ 1.05 倍动作（3 分） 1.05 倍 $U_{AB}=26.46V$ $\dot{U}_A=31.757\angle-35.379°V$ $\dot{U}_B=31.757\angle-84.620°V$ $\dot{U}_C=57.74\angle 120°V$ 0.7 倍测时间（3 分） 0.7 倍 $U_{AB}=17.64V$ $\dot{U}_A=30.187\angle-43.011°V$ $\dot{U}_B=30.187\angle-76.988°V$ $\dot{U}_C=57.74\angle 120°V$ 用试验仪测时间（2 分）		
	5	故障排查	故障点	分值	现象及评分细则	得分	备注
		故障点 1	距离Ⅲ段定值小于距离Ⅱ段定值	5	定值整定错误，装置闭锁 发现现象 2 分 向裁判提出并更正 3 分		
		故障点 2	交换 1UD3（1n0211）与 1UD4（1n0212）内部线；交换 1UD1（1n0209）与 1UD2（1n0210）内部线	5	电压 C 相与 N 相接反，电压 A 相与 B 相序错 发现现象 2 分 向裁判提出并更正 3 分		
		故障点 3	短接 4PD8（1RD12）与 4PD11（1RD16）外侧端子	5	闭重与 TWJC 短接，TWJC 与闭重同时为 1，进行开关传动时闭重三跳 发现现象 2 分 向裁判提出并更正 3 分		
		故障点 4	4QD38（4n144）内部线移到 4QD39	5	复归按钮回路断线，操作箱的跳合闸信号不能复归 发现现象 2 分 向裁判提出并更正 3 分		
		故障点 5	交换 1RD10（1n0823）与 1RD12（1n0824）内部线	5	交换 TWJB 和 TWJC 位置信号，保护位置信号与断路器不一致 发现现象 2 分 向裁判提出并更正 3 分		
		故障点 6	短接 1XD1 与 4QD7（4FA1），同时短接 1XD5 与 4QD38（4FA2）	5	装置长期有差流报警后，信号复归按钮被短接，保护动作时无信号 发现现象 2 分 向裁判提出并更正 3 分		

续表

	序号	故障排查	故障点	分值	现象及评分细则	得分	备注
评分标准	5	故障点7	虚接4CD15（4n8）内部线，虚接4CD16（4n200）内部线	5	虚接C相合闸回路负端，手合或重合时C相合不上。 仅恢复4n8不得分 仅恢复4n200得2分		
					发现现象 2分 向裁判提出并更正3分		
		故障点8	短接4QD42（4n35）到4QD47（负电源）外侧端子，同时虚接4QD4（4n2）内部线	5	11YJJ被短接，同时恢复压力闭锁功能。11YJJ不动作，闭锁跳合闸。 仅恢复1处得2分		
					发现现象2分 向裁判提出并更正3分		
		故障点9	短接1KD3与1KD2外部端子	5	C相跳闸同时启动B相跳圈，保护单跳时先跳开两相		
					发现现象2分 向裁判提出并更正3分		
		故障点10	4QD29（1KD5）内部线移到4QD11（4n26）端子，同时短接4QD35（4n27）与4QD11（4n26）外侧端子	5	重合时启动STJ和TJQ，重合时开关三跳，同时不点跳闸灯。恢复1处得2分		
					发现现象 2分 向裁判提出并更正3分		
	6	试验报告	编写试验报告	8	计算数据结果3分 故障现象和故障点5分 每个故障点和现象给0.5分		
	7	恢复现场	恢复接线及安全措施	2	拆除试验接线、恢复安全措施 2分		
裁判签字：				年 月 日		总得分：	

三、具体试验及故障分析排查步骤

（一）执行安全措施

按线路断路器处于冷备用状态要求做好安全隔离措施，继电保护测试仪电源及被测保护装置电源应取自试验电源屏，继电保护测试仪外壳应接地。

（二）定值核对检查

1. 试验方法

首先打印定值单，通过观察现象和逐项比对的方法进行检查：

（1）针对性检查，检查面板指示灯及液晶报文，查看是否有定值整定错误闭锁保护或发出异常指示的现象。

（2）普查，通过核对定值单，逐项比对检查是否有整定错误的问题。

2. 试验现象

装置运行灯灭，报定值校验出错。

3. 分析排查

造成装置运行灯灭，定值校验出错的主要原因如下：

（1）当“电流补偿”控制字置1时，整定的零序容抗应满足零序容抗＞正序容抗。

（2）零序过流保护定值应满足Ⅱ段零序电流定值＞Ⅲ段零序电流定值＞零序启动电流定值。

（3）距离保护定值应满足Ⅰ段距离保护定值＜Ⅱ段距离保护定值＜Ⅲ段距离保护定值。

将问题锁定在上述定值，比对发现距离保护距离Ⅲ段定值小于距离Ⅱ段定值，按照定值单所给定值修改即可。

（三）模拟量检查

1. 试验方法

按图1-1所示将继电保护测试仪与保护屏端子排连接，通入三相电压采样值为$\dot{U}_A=10.00\angle 0.00°V$、$\dot{U}_B=20.00\angle -120°V$、$\dot{U}_C=30.00\angle 120°V$，三相电流采样值为$\dot{I}_A=1.00\angle 0.00°A$、$\dot{I}_B=2.00\angle 0.00°A$、$\dot{I}_C=3.00\angle 0.00°A$。

2. 试验现象

（1）三相电流采样幅值及相位均正确。

（2）自产零序电压幅值为105V。

（3）A、B、C三相电压幅值及相位均不正确，A相采样电压$\dot{U}_a=43.6\angle 82°V$、$\dot{U}_b=36\angle 45°V$、$\dot{U}_c=30\angle 59°V$。

3. 分析排查

（1）三相电流采样值正确，可知电流回路正常。

（2）自产零序电压过大，判断电压中性点有问题，排查发现1UD3（1n0211）与1UD4（1n0212）内部线接反。

（3）将（2）中故障排除后再次加量，发现$\dot{U}_a$与$\dot{U}_b$电压幅值及相位为$\dot{U}_a=20\angle 119°V$；$\dot{U}_b=10\angle 360°V$；判断A、B两相电压接反，排查发现1UD1（0209）与1UD2（0210）内部线接反。

（四）开入量检查

1. 试验方法

进入装置菜单查看开入量状态，压板、开关跳闸位置、复归、打印、压力低闭锁重合闸、闭锁重合闸等开入应与实际情况相同。

2. 试验现象

开入检查时，保护装置打印、复归、压力低闭锁重合闸等开入正常，但是出现其他问题，具体如下：

（1）操作模拟断路器B相跳闸时，保护装置TWJC开入，操作模拟断路器C相跳闸时，保护装置TWJB开入。

（2）模拟断路器B相开关处于跳位时，闭锁重合闸开入。

3. 分析排查

（1）TWJB与TWJC开入情况正好相反，可推测保护装置取模拟断路器位置接错或者TWJ

开入保护装置位置接错，经过定位排查发现 1RD10（1n0823）与 1RD12（1n0824）内部线接反。

（2）继续排查发现模拟断路器 C 相处于跳闸位置时，保护装置闭锁重合闸信号开入，可推测该闭锁重合闸开入与 C 相位置相关。可推测 C 相位置节点与闭锁重合闸信号节点在操作箱或保护装置端子排上短接。经过排查发现 4PD8（1RD12）与 4PD11（1RD16）外侧端子短接。

若因其他原因不能操作模拟断路器单相分合闸，可将开关跳闸位置检查放到定值校验或开关传动部分。

（五）定值校验

（1）相间距离保护Ⅱ段定值校验。此试验不需要带模拟断路器校验，不易受外部回路故障影响，可先行开展校验（校验方法参照第一章第二节距离保护校验部分）。取保护装置第二组跳闸备用节点作为继电保护测试仪的返回节点测试相间距离保护Ⅱ段动作时间。

（2）模拟“通道长期有差流”后，校验纵联差动保护定值。不带开关传动进行保护定值校验，待开关传动步骤中将回路故障排除后再进行带开关传动。通道长期有差流的判据为“实际差流超过差动保护定值 10s”。校验步骤如下：

1）状态序列 1，继电保护测试仪输出三相电容电流（抬高差动保护动作定值）。

2）状态序列 2，继电保护测试仪输出三相大于差动保护定值的差动电流。

3）状态序列 3，模拟 C 相接地短路。

（六）开关传动

1. 试验方法

为将回路中的故障点一一排除，建议首先采用单相跳闸单相重合闸的方式进行试验。各相分别开展单跳单合试验时，应投入重合闸压板和对应相出口压板，使用继电保护测试仪状态序列模块开展校验，加量模拟正常状态、单相故障状态以及重合闸状态。

2. 试验现象及分析排故

试验 1：分别模拟 A、B、C 相故障，保护单跳单合试验。

试验现象①：保护跳闸后，跳闸信号灯无法手动复归。

分析排查：推测复归按钮回路出错，检查发现故障点为 4QD38（4n144）内部线移到 4QD39。

试验现象②：分别做 B、C 相单相跳闸时，BC 两相均跳闸。

分析排查：推测 B、C 跳闸出口回路并接（注意试验时仅投故障相出口压板），发现 1KD3 与 1KD2 外部端子短接。

试验现象③：A 相故障跳闸后，保护动作发出重合闸命令，但是模拟断路器 A 相并未重合。

分析排查：推测重合闸回路存在问题，检查发现故障点为 4QD29（1KD5）内部线移到 4QD11（4n26）端子。

试验现象④：A 相跳闸回路监视灯在跳闸后再次闪烁一次。

分析排查：分析 A 相跳闸回路监视灯在 A 相跳闸后，回路已经断开，再次闪烁，说明该监视灯通过 TJQ、TJR、TJF 或 STJ 节点与 B 或 C 相跳闸回路短暂导通。检查发现故障点为 4QD35（4n27）与 4QD11（4n26）外侧端子短接。

试验 2：再次分别模拟 A、B、C 相故障，保护单跳单合试验。

试验现象①：各相试验时，重合闸灯亮，但是开关并未重合。

分析排查：推测合闸回路不通，可能是合闸出口接错位置或者正负电源不通。排查发现合闸回路无正电，低气压闭锁跳合闸功能启用。检查发现故障点为 4QD42（4n35）到 4QD47（负电源）外侧端子短接，同时 4QD4（4n2）内部线虚接。

试验 3：再次分别模拟 A、B、C 相故障，保护单跳单合试验。

试验现象：A、B 相单跳单合试验动作正确，C 相保护重合闸灯亮，但是 C 相并未重合成功。

分析排查：推测 C 相合闸出口回路错误，排查发现 4CD15（4n8）内部线和 4CD16（4n200）内部线虚接。

（七）整组试验

1. 试验方法

在排除回路故障后，继续定值校验步骤中模拟“通道长期有差流”后，纵联差动保护动作跳闸。

2. 试验现象

校验时发现保护动作跳闸后，操作箱跳合闸信号灯不亮。

3. 分析排查

与单跳单合试验相对比，可知操作箱跳合闸信号灯不亮，可能与装置信号异常致使操作箱复归有关，检查发现故障点：1XD1 与 4QD7（4FA1）短接，1XD5 与 4QD38（4FA2）短接。

（八）检验结束恢复安全措施

拆除试验接线，关闭试验设备电源，将安全措施和保护装置等设备恢复至开工前原始状态，确认各信号均正常，打印、核对定值。

四、考试须知及表单样例

（一）实操考试须知

1. 考场条件

（1）安全措施编写场地。

1）屏柜图纸和安全措施试卷。

2）草稿纸、笔。

（2）实操考试场地。

1）博电和昂立试验仪各一台（选手自选）、工具箱（含试验线、螺丝刀、万用表、试验插针、试验夹等）。

2）说明书、图纸。

3）直流电源系统不接地。

4）计算器（具备三角函数计算功能）、黑笔、A4 纸、打印纸

2. 注意事项

（1）安全措施编写。

1）考试时间为 15min。

2）根据图纸编写二次措施票，简单写清要点即可。

（2）实操考试。

1）考试时间为 40min，包含审题；考试中不用佩戴安全帽。

2）主变压器保护屏含 7 个故障点。

3）屏外的二次回路不设置故障点，模拟断路器不设置故障点，保护装置内部不设置故障点，非电量保护装置和电压切换装置非考试范围。

4）考生应先向裁判描述故障现象，再去排查；若发现故障点，应先向裁判汇报，再排除故障，若未根据故障现象排除故障不得分。

5）选手示意准备完毕后，由裁判长宣布统一实操考试开始。

6）实操考试前，选手将安全措施答卷交给裁判，无须在屏柜做安全措施。

7）若想修改定值或改动屏柜接线，应先向裁判汇报。

8）允许选手放弃故障点，最多可放弃 3 个故障点。

9）每个试验项目的顺序可自行安排，试验前向裁判说明。

10）每步试验完成后，应向裁判申请，裁判确认后再进行下一步试验。

11）编写试验报告，要求记录试验项目的计算数据结果、故障点和故障现象。

12）草稿纸不允许带出试验场地。

13）试验完成后，应恢复试验现场（含压板、试验线、继电保护测试仪）。

14）考试时间终止后应停止所有操作。

（二）线路保护定检作业二次工作安全措施票

要求：220kV 线路处于检修状态，进行保护定检工作，请根据图纸编写二次措施票，简单写清要点即可，考试时间 15min，二次工作安全措施票见表 1-6。

表 1-6　　二次工作安全措施票

单位：__________　　　　编号：__________
审核：__________　　　　批准：__________

<table>
<tr><td>被试设备及保护名称</td><td colspan="5"></td></tr>
<tr><td>工作负责人</td><td></td><td>工作时间</td><td></td><td>签发人</td><td></td></tr>
<tr><td colspan="6">工作内容：</td></tr>
<tr><td colspan="6">工作条件：</td></tr>
<tr><td colspan="6">安全措施：包括应打开及恢复连接片、直流线、交流线、信号线、相应压板等，按工作顺序填用安全措施。工作中应使用绝缘工器具，测量相应回路时应注意万用表的挡位正确，严禁使用电阻挡测量回路电压、电流</td></tr>
</table>

续表

序号	执行	安全措施内容	恢复
		具体措施	
1			
2			
3			
4			
5			
6			
7			
8			
9			
10			

执行人：__________ 监护人：__________ 恢复人：__________ 监护人：__________

（三）PCS-931A-G 型线路保护定值通知单

PCS-931 保护定值通知单见表 1-7。

表 1-7　　保护定值通知单

厂站名称	实训一室	母线 TV 变比	220kV/100V	保护型号	PCS-931A-G
线路名称	实训 1 线	线路 TV 变比	220kV/100V	软件版本	V4.01
开关编号		TA 变比	1200/5	检验码	A2B0 7E33

序号	名　　称	单位	原定值	现定值
1	定值区号			1
2	被保护设备			保护设备
3	TA 一次额定值	A		1200
4	TA 二次额定值	A		5
5	TV 一次额定值	kV		220
6	通道一类型			0：专用光纤
7	通道二类型			0：专用光纤
序号	名　　称	单位	原定值	现定值
1	变化量启动电流定值	A		1
2	零序启动电流定值	A		0.5
3	差动动作电流定值	A		1.2
4	TA 断线后分相差动定值	A		8
5	线路正序容抗定值	ohm		1023
6	线路零序容抗定值	ohm		1852
7	本侧电抗器阻抗定值	ohm		12000

续表

序号	名 称	单位	原定值	现定值
8	本侧小电抗器阻抗定值	ohm		12000
9	本侧识别码			4050
10	对侧识别码			4050
11	线路正序阻抗定值	ohm		2.25
12	线路正序灵敏角	deg		75
13	线路零序阻抗定值	ohm		6.75
14	线路零序灵敏角	deg		75
15	线路总长度	km		23.28
16	接地距离 I 段定值	ohm		1.8
17	接地距离 II 段定值	ohm		2.52
18	接地距离 II 段时间	s		0.4
19	接地距离III段定值	ohm		4
20	接地距离III段时间	s		1.6
21	相间距离 I 段定值	ohm		1.8
22	相间距离 II 段定值	ohm		2.52
23	相间距离 II 段时间	s		0.4
24	相间距离III段定值	ohm		4
25	相间距离III段时间	s		1.6
26	负荷限制电阻定值	ohm		5
27	零序过流 II 段定值	A		1.25
28	零序过流 II 段时间	s		5
29	零序过流III段定值	A		1.25
30	零序过流III段时间	s		5
31	零序过流加速段定值	A		2.5
32	单相重合闸时间	s		1
33	三相重合闸时间	s		1
34	同期合闸角	deg		40
35	工频变化量阻抗	ohm		1.8
36	零序补偿系数 K_Z			0.67
37	接地距离偏移角	deg		0
38	相间距离偏移角	deg		0
39	振荡闭锁过流	A		8
序号	名 称	说明	原定值	现定值
1	纵联差动保护	0：退出，1：投入		1

续表

序号	名　　称	说明	原定值	现定值
2	双通道方式	0：退出，1：投入		0
3	TA 断线闭锁差动	0：退出，1：投入		0
4	通道一通信内时钟	0：退出，1：投入		1
5	通道二通信内时钟	0：退出，1：投入		1
6	电压取线路 TV 电压	0：退出，1：投入		1
7	振荡闭锁元件	0：退出，1：投入		1
8	距离保护Ⅰ段	0：退出，1：投入		1
9	距离保护Ⅱ段	0：退出，1：投入		1
10	距离保护Ⅲ段	0：退出，1：投入		1
11	零序电流保护	0：退出，1：投入		1
12	零序过流Ⅲ段经方向	0：退出，1：投入		1
13	三相跳闸方式	0：退出，1：投入		0
14	Ⅱ段保护闭锁重合闸	0：退出，1：投入		1
15	多相故障闭锁重合闸	0：退出，1：投入		1
16	重合闸检同期方式	0：退出，1：投入		1
17	重合闸检无压方式	0：退出，1：投入		1
18	单相重合闸	0：退出，1：投入		1
19	三相重合闸	0：退出，1：投入		0
20	禁止重合闸	0：退出，1：投入		0
21	停用重合闸	0：退出，1：投入		0
22	单相 TWJ 启动重合闸	0：退出，1：投入		1
23	三相 TWJ 启动重合闸	0：退出，1：投入		0
24	电流补偿	0：退出，1：投入		0
25	远跳受启动元件控制	0：退出，1：投入		1
26	工频变化量距离	0：退出，1：投入		1
27	负荷限制距离	0：退出，1：投入		1
28	三重加速距离Ⅱ段	0：退出，1：投入		1
29	三重加速距离Ⅲ段	0：退出，1：投入		0

序号	名　　称	说明	原定值	现定值
1	光纤通道一软压板	0：退出，1：投入		1
2	光纤通道二软压板	0：退出，1：投入		0
3	距离保护软压板	0：退出，1：投入		1
4	零序过流保护软压板	0：退出，1：投入		1
5	停用重合闸软压板	0：退出，1：投入		0

续表

序号	名 称	说明	原定值	现定值
6	远方投退压板软压板	0：退出，1：投入		1
7	远方切换定值区软压板	0：退出，1：投入		0
8	远方修改定值软压板	0：退出，1：投入		0

（四）线路保护实操答题卡

1. 试验数据记录

试验数据记录表见表 1-8。

表 1-8　　试 验 数 据 记 录 表

项目	相别	电压	电流
项目 1-1			
项目 1-2			
项目 2-1	A 相	∠	∠
	B 相	∠	∠
	C 相	∠	∠
项目 2-2	A 相	∠	∠
	B 相	∠	∠
	C 相	∠	∠
项目 2-3	A 相	∠	∠
	B 相	∠	∠
	C 相	∠	∠

2. 故障点记录

故障点记录见表 1-9。

表 1-9　　故 障 点 记 录 表

序号	现 象	故 障 点
1		
2		
3		
4		

第二章　变压器保护

第一节　保护原理

一、差动保护原理

变压器差动保护为变压器的主保护，其保护区为构成差动保护各侧 TA 之间所包围的部分，用来反映变压器绕组相间短路、绕组匝间短路、中性点接地侧绕组接地及引出线接地等故障。

变压器差动保护基于磁势平衡原理，变压器高低压侧接线方式存在角度关系（如 Yd11 接线，高压侧线电压滞后低压侧线电压 30°）、变比关系，流入差动继电器的电流应进行相位和幅值校正，并抵消流入差动回路中的零序电流分量，实现当变压器外部故障或正常运行时，经过补偿后的各侧电流相量和为零；当变压器内部故障时，补偿后的各侧电流相量和为差动电流。在国内广泛采用多段式折线的比率制动特性曲线。各电压等级变压器差动保护配置原则见表 2-1。

表 2-1　　各电压等级变压器差动保护配置原则

序号	内容	差动速断保护	纵差保护	分相差动保护	低压侧小区差动保护	分侧差动保护	故障分量差动保护
1	TA 配置	各侧外附 TA	各侧外附 TA	高中压侧外附 TA 和低压侧三角内部套管（绕组）TA	低压侧三角内部套管（绕组）TA 和低压侧外附 TA	高中压侧外附 TA 和公共绕组 TA	各侧外附 TA
2	保护范围	各侧绕组及引线各种故障	各侧绕组及引线各种故障	高中压侧引线及各侧绕组各种故障	低压侧绕组和引线故障	高中压侧相间、接地故障	轻微故障
3	保护特点	动作电流整定值大，不经励磁涌流判据、TA 饱和判据闭锁	有相位和幅值转换，去零序电流、对相间故障灵敏度高、对接地故障灵敏度较低、反映匝间故障、非单相涌流	无相位和幅值转换，含有全部故障分量、对相间故障、接地故障灵敏度都高、反映匝间故障、单相涌流	只反映电的联系，不存在励磁涌流形成的差流	不反映匝间故障、无涌流闭锁问题	灵敏度高
4	220kV 三绕组变压器	必配	必配	无	无	无	在保证安全的情况下尽量配置
5	330kV 三绕组变压器	必配	必配	无	无	无	在保证安全的情况下尽量配置

续表

序号	内容	差动速断保护	纵差保护	分相差动保护	低压侧小区差动保护	分侧差动保护	故障分量差动保护
6	330kV三相自耦变压器	必配	必配	无	无	必配	在保证安全的情况下尽量配置
7	500kV单相自耦变压器	必配	与分相差动保护任选其一	与纵差保护任选其一	当在低压侧有外附TA时配置，与分相差动保护一起形成完整的保护	必配	在保证安全的情况下尽量配置
8	750kV单相自耦变压器	必配	与分相差动保护任选其一	与纵差保护任选其一	当在低压侧有外附TA时配置，与分相差动保护一起形成完整的保护	必配	在保证安全的情况下尽量配置

变压器差动保护面临的最大问题是励磁涌流问题，影响励磁涌流大小的因素主要包括电源电压、合闸角、剩磁等。工程上主要通过对差流励磁涌流特征的判别实现躲励磁涌流。励磁涌流的波形偏向时间轴一侧且波形是间断的，间断角一般大于60°；波形不对称且含有很大的高次谐波，以二次谐波为主。通常变压器差动保护通过二次谐波制动、间断角原理、波形对称原理来实现励磁涌流闭锁。

变压器运行中的电源电压升高或频率降低都可能导致变压器过励磁，此时励磁电流大大增加，差流增大，可能导致纵差保护误动，工程中主要采用五次谐波制动的原理防止差动保护误动。此外，为了提高变压器内部严重故障时保护动作的可靠性，设置专门的差动电流速断保护。

二、复合电压闭锁的（方向）过电流保护原理

复合电压闭锁的（方向）过电流保护主要用作在两侧或者三侧有电源的三绕组变压器，作为变压器和相邻元件（包括母线）相间短路故障的后备保护。

复合电压闭锁的（方向）过电流保护方向元件通常采用两种，一种是带记忆的正序电压、90°接线的功率方向元件（SGT-756），另一种是带记忆的正序电压、0°接线的功率方向元件（PCS-978）。功率方向元件中采用正序带记忆的电压，保证了方向元件正确判断故障方向，消除了正方向出口短路时的动作死区。

按照DL/T 572—2010《电力变压器运行规程》的要求，变压器具备短期急救负荷运行的能力，对于大型强油循环风冷和强油循环水冷的变压器，事故前额定负荷的0.7运行时，允许事故后带1.5倍额定负荷运行30min；事故前1.2倍额定负荷运行时，允许事故后带1.34倍额定负荷运行 30min。当并列运行的两台变压器，其中一台变压器停运时，负荷全部转移至另外一台变压器，必然造成运行变压器过负荷。但作为变压器总后备的过流保护，此时不应

动作，所以增加复压闭锁，以防止事故过负荷时过电流保护误动作。同时，增加复合电压闭锁元件可以降低电流定值，提高保护的灵敏性。复合电压闭锁的（方向）过电流保护的复合电压闭锁元件由相间低电压元件和负序过电压元件构成“或”逻辑，其中相间低电压元件主要用来反映三相短路，负序过电压元件主要用来反映不对称性短路。通常，变压侧高、中压侧复合电压闭锁的（方向）过电流保护受三侧复合电压闭锁元件“或”逻辑控制，即任何一侧（电压已投入）的复合电压闭锁元件动作，保护开放。变压器低压侧复合电压闭锁仅受低压侧复合电压闭锁元件控制。

复合电压闭锁的（方向）过电流保护可通过控制字选择指向母线或变压器，以满足对联络变压器的不同整定要求。当指向变压器时作为变压器绕组及对侧母线故障的相间后备保护，当指向母线时作为本侧母线和相邻线路的后备保护。为减少互相配合的层次，联络变压器两个电源侧的方向元件宜均指向本侧母线或均指向变压器，在变压器三侧均有电源的情况下，方向元件指向变压器的过流保护，保护对侧母线的灵敏度会降低。电源侧不带方向的复压过流保护，作为变压器、母线及相邻线路的总后备保护。对于单侧电源的降压变压器，复合电压闭锁的（方向）过电流保护可以不带方向。

三、零序电流（方向）保护原理

零序电流（方向）保护，主要用作中性点直接接地的变压器和相邻元件发生接地短路故障的后备保护。

普通三绕组变压器高压侧、中压侧同时接地运行时，任一侧发生接地故障时，高压侧和中压侧都会有零序电流通道，为使两侧变压器的零序电流保护相互配合，需要零序方向元件。对于三绕组自耦变压器，高压侧和中压侧除有电的联系外，两侧共用一个接地点，发生接地故障时，零序电流在高压侧和中压侧内有零序通道，同样需要零序方向元件。零序电流保护的方向元件指向变压器时，由于变压器中性点的分流，保护对侧母线的灵敏度会严重降低，所以，零序电流保护的方向宜指向本侧母线。此外，在变压器靠近中性点的绕组接地故障时，差动保护灵敏度很低，可能拒动，而接于中性点 TA 的零序电流Ⅱ段保护的灵敏度高，能可靠动作。

零序电流（方向）保护由零序过电流元件与零序方向元件构成“与”逻辑，当零序电流大小大于定值且方向元件动作时，保护动作出口。

四、阻抗保护原理

变压器阻抗保护作为相应侧母线故障和变压器部分绕组故障的后备保护。变压器阻抗保护通常在变压器高、中压侧配置，采用具有偏移圆特性的相间、接地阻抗元件，反映相间故障和接地故障，并且在正、反方向都有保护范围。变压器阻抗保护指向变压器方向的整定阻抗，其保护范围要求不伸出对侧母线，若指向变压器的阻抗伸出对侧母线时，将会造成阻抗保护无选择性动作；整定计算时需要考虑正、反方向故障的配合关系，为了简化后备保护的整定计算，指向变压器的阻抗不伸出对侧母线。指向母线方向的整定阻抗应与线路保护配合整定，主要作为母线和出线故障的后备保护，同时应注意，由于线路的零序阻抗大于正序阻抗，接地阻抗零序补偿系数对指向母线阻抗定值有效，可与母线上连接的线路整定为相同值，变压器的零序阻抗和正序阻抗相同，故指向变压器时零序补偿系数一般取很小值，如0～0.1。

五、过励磁保护原理

当变压器运行电压升高或频率降低，变压器会处于过励磁运行状态，在此状态下，变压器铁芯饱和，励磁电流急剧增加，变压器内部损耗增大，铁芯温度升高。另外，铁芯饱和后漏磁通增大，将在导线、邮箱壁及其他构件上产生涡流，导致局部过热，严重时造成铁芯变形，损伤绝缘介质。变压器过励磁保护就是反映变压器过励磁运行状态，作出相应告警或跳闸的保护。

变压器过励磁保护中，采用过励磁倍数衡量过励磁程度，过励磁倍数通常通过工作电压与频率的比值来计算。当过励磁倍数较大时，变压器运行情况更加恶劣，此时允许变压器的运行时间就越短；当过励磁倍数较小时，允许变压器运行的时间就较长，变压器通常结合过励磁的反时限特性，设置具有反时限特性的过励磁保护，即过励磁倍数越大，保护动作时间越短，过励磁倍数越小，动作时间越长，保护能实现定时限告警和反时限跳闸或告警功能。

六、间隙保护原理

间隙保护用于中性点不接地的半绝缘变压器发生接地短路故障的后备保护。

间隙保护包括间隙过流保护、零序过压保护。间隙保护不是保护暂态过电压和雷击过电压的保护，只有在系统发生接地故障，接地故障点存在，而所有接地变压器均跳闸以后，经间隙接地的变压器中性点工频电压升至相电压，危及变压器安全，此时，如间隙击穿或间隙间断击穿，就会有间隙电流或间隙电流和零序电压交替出现，由间隙电流保护动作跳闸；如间隙未击穿，就会有零序电压出现，由零序过压保护动作跳闸。间隙保护动作时间采用零序过流和零序过压保护的“或”逻辑。

放电间隙回路的零序过电流保护的动作电流与变压器的零序阻抗、间隙放电的电弧电阻等因素有关，一般保护的一次动作电流可取为100A。工程应用中变压器各侧常规电压互感器都配置有剩余电压绕组，因此采用常规互感器时，变压器保护装置的零序过压保护应采用外接零序电压。但电子式电压互感器无剩余电压绕组，当变压器各侧采用电子式电压互感器时，变压器保护装置的零序过压保护采用自产零序电压，因此保护装置设置零序电压取自产或外接以供选择，且零序电压选外接时固定为180V、选自产时固定为120V。

第二节 PCS-978保护逻辑校验

一、交流回路校验

交流回路校验的目的是检验屏内的交流回路接线是否正确、装置的采样精度是否满足要求，分别通入交流电压、交流电流，检查装置的各CPU的采样和极性。

（一）零漂检查

试验方法：零漂检查不需要向装置加入交流模拟量。测试交流电流回路的零漂时，对应的电流回路处于开路状态；测试交流电压回路的零漂时，对应的电压回路处于短路状态。

合格判据：要求在几分钟内测得零漂稳定在 $0.01I_N$ 或0.05V以内。

由于现在的保护装置均是自动调整零漂，在现场基本不做零漂检查，只要了解相关内容即可。

（二）模拟量检查

以高压侧电流和电压模拟量检查为例，模拟量检查试验接线如图2-1所示，其他侧模拟量检查参考图2-1。

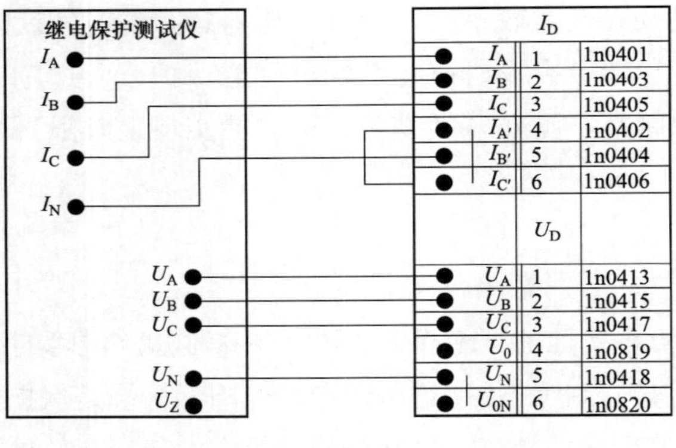

图2-1 模拟量检查试验接线

试验方法：用继电保护测试仪的“手动试验”或“电流电压”菜单，向保护装置通入对称正序的三相电流和电压，电流分别加0.1、0.5、1、2A，电压分别加1、10、30、50、60V，最后再通一次三相幅值不对称的电流电压。

合格判据：进入“模拟量”菜单中“保护测量”或“启动测量”子菜单，液晶显示屏上显示的采样值应与实际加入量误差不大于±5%，相位差与继电保护测试仪输入的相位差误差不大于±3°。

二、开关量输入检查

开关量输入检查的目的是检查压板和开入回路连线是否正确，用投/退屏内压板、模拟开入或起动操作箱相应回路的方式，检查各开入的变位情况。进入菜单“状态量”→“输入量”→

"接点输入"，查看开关量值（"1"表示压板投入或收到该信号，该开入有效；"0"表示压板未投或未收到该信号，该开入无效）。

三、整组试验

（一）稳态比率差动保护

1. 试验原理

变压器差动保护计算电流由各侧二次电流经软件进行幅值和相位校正后得来，软件计算需要考虑变压器电压等级不同引起二次额定电流不同进行的调整及差动各侧电流的 TA 变比。幅值补偿即将差动各侧的二次电流有名值除以本侧的二次额定电流。相位补偿是针对一次主接线的接线方式进行的补偿。

PCS-978 保护装置在△侧进行两相电流差的运算调整相位，以 Y△11 的主变压器接线方式为例，变压器各侧 TA 装置的程序软件采用△→Y 变化调整差流平衡，其校正方法如下：

对于 Y 侧电流进行幅值补偿

$$\begin{cases} \dot{I}'_A=(\dot{I}_A-\dot{I}_0)/I_{e1} \\ \dot{I}'_B=(\dot{I}_B-\dot{I}_0)/I_{e1} \\ \dot{I}'_C=(\dot{I}_C-\dot{I}_0)/I_{e1} \end{cases} \tag{2-1}$$

对于△侧电流相位补偿与幅值补偿

$$\begin{cases} \dot{I}'_a=(\dot{I}_a-\dot{I}_c)/(\sqrt{3}I_{e2}) \\ \dot{I}'_b=(\dot{I}_b-\dot{I}_a)/(\sqrt{3}I_{e2}) \\ \dot{I}'_c=(\dot{I}_c-\dot{I}_b)/(\sqrt{3}I_{e2}) \end{cases} \tag{2-2}$$

式中　$\dot{I}_A$、$\dot{I}_B$、$\dot{I}_C$ ——Y 侧 TA 二次加进保护装置的有名值电流；

$\dot{I}'_A$、$\dot{I}'_B$、$\dot{I}'_C$ ——Y 侧程序软件计算出的校正电流；

$\dot{I}_a$、$\dot{I}_b$、$\dot{I}_c$ ——△侧 TA 二次加进保护装置的有名值电流；

$\dot{I}'_a$、$\dot{I}'_b$、$\dot{I}'_c$ ——△侧程序软件计算出的校正电流；

I_{e1}、I_{e2} ——Y、△侧二次额定电流。

各相差动电流为

$$\begin{cases} I_{cda}=|\dot{I}'_A+\dot{I}'_a| \\ I_{cdb}=|\dot{I}'_B+\dot{I}'_b| \\ I_{cdc}=|\dot{I}'_C+\dot{I}'_c| \end{cases} \tag{2-3}$$

各相制动电流为

$$\begin{cases} I_{ra}=(|\dot{I}'_A|+|\dot{I}'_a|)/2 \\ I_{rb}=(|\dot{I}'_B|+|\dot{I}'_b|)/2 \\ I_{rc}=(|\dot{I}'_C|+|\dot{I}'_c|)/2 \end{cases} \tag{2-4}$$

2. 试验条件

（1）设备参数及保护定值见表 2-2。变压器接线方式为 Y△11，差动启动电流定值 0.3I_e，二次谐波制动系数 0.15，“差动速断”置 1，“纵差保护”置 1，“TA 断线闭锁差动保护”置 0。

表 2-2　　设备参数及保护定值

功能软压板						定值组 1 差动保护定值					
序号	描述	设置值	量程	步长	单位	序号	描述	设置值	量程	步长	单位
1	远方修改定值	1	[0-1]	1		1	差动速断电流定值	5.00	[2.00-14.00]	0.01	I_e
2	远方控制软压板	0	[0-1]	1		2	差动保护启动电流定值	0.40	[0.20-1.50]	0.01	I_e
3	远方切换定值区	0	[0-1]	1		3	二次谐波制动系数	0.15	[0.05-0.35]	0.01	
4	主保护	1	[0-1]	1		定值组 1 差动保护控制字定值					
5	高压侧后备保护	1	[0-1]	1		序号	描述	设置值	量程	步长	单位
6	中压侧后备保护	1	[0-1]	1		1	差动速断	1	[0-1]	1	
7	低压侧 1 分支后备保护	1	[0-1]	1		2	纵差保护	1	[0-1]	1	
8	低压侧 2 分支后备保护	1	[0-1]	1		3	二次谐波制动	1	[0-1]	1	
9	低压侧 1 分支后备保护	1	[0-1]	1		4	TA 断线闭锁差动保护	0	[0-1]	1	

（2）在“装置参数”中整定好变压器参数之后，保护测量或启动测量菜单中的“差动测量”中能自动计算出“二次额定电流”，数据见表 2-3。

表 2-3　　变 压 器 参 数

项目	高压侧	中压侧	低压侧
变压器容量	120MVA		
电压等级（一次电压）	220kV	115kV	10.5kV
接线方式	Y	Y	△
各侧 TA 变比	240/1	480/1	1600/1
二次额定电流	1.312A	1.255A	4.124A
平衡系数	3.143	3.286	1.000

（3）以高压侧和低压侧（高、低压侧 1 分支）Y△11 接线试验为例，可以根据继电保护

测试仪的电流输出数采用三相法或六相法试验接线，也可以分别用两种接线法试验。比率差动保护试验接线如图 2-2 所示。

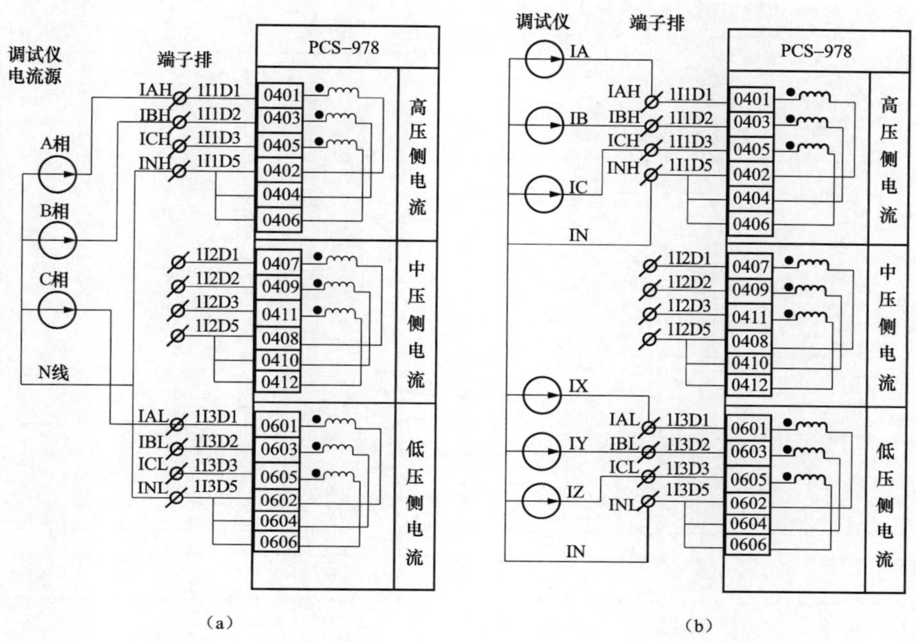

图 2-2 比率差动保护试验接线

（a）三相法接线；（b）六相法接线

3. 差动平衡试验

（1）三相法接线差动平衡试验。根据图 2-2 接线方式，可得差动平衡电流设置方法为

$$\begin{cases} I_A = kI_{e1} \\ I_B = -kI_{e1} \\ I_C = -k\times\sqrt{3}\times I_{e2} \end{cases} \tag{2-5}$$

式中 I_{e1}——高压侧二次额定电流；

I_{e2}——低压侧二次额定电流；

k——变压器高、低压侧经过幅值和相位校正后的电流值大小。

所加 B 相电流和 A 相电流大小相等方向相反（一方面为了抵消零序电流，另一方面是为了补偿低压侧相位调整后产生的 B 相电流），当取 k=1 时，将式（2-5）求得的值加进保护装置，差动电流约等于 0，制动电流接近 I_{e1}。三相法接线差动平衡试验结果如图 2-3 所示。

（2）六相法接线差动平衡试验。继电保护测试仪设置 A、B、C 大小相等正序相位的三相电流通入主变压器高压侧三相，设置 X、Y、Z 大小相等正序相位的三相电流通入主变压器低压侧，低压侧各相电流滞后高压侧 150°，幅值为

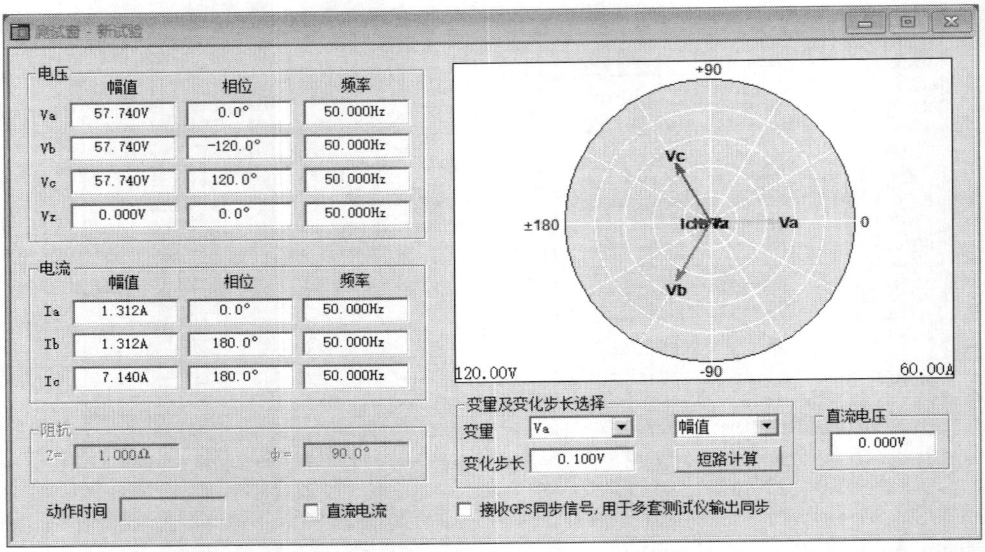

	描述	设置值	单位
1	纵差高压1分支额定电流	1.312	A
2	纵差高压2分支额定电流	0.000	A
3	纵差中压侧额定电流	1.255	A
4	纵差低压1分支额定电流	4.123	A
5	纵差低压2分支额定电流	0.000	A
6	纵差A相差电流幅值	0.006	Ie
7	纵差B相差电流幅值	0.007	Ie
8	纵差C相差电流幅值	0.000	Ie
9	纵差A相制动电流	1.004	Ie
10	纵差B相制动电流	1.004	Ie
11	纵差C相制动电流	0.000	Ie
12	纵差A相差动门槛	0.852	Ie
13	纵差B相差动门槛	0.852	Ie
14	纵差C相差动门槛	0.500	Ie
15	纵差高压1分支A相调整电流幅值	1.004	Ie
16	纵差高压1分支B相调整电流幅值	1.005	Ie
17	纵差高压1分支C相调整电流幅值	0.000	Ie

图 2-3　三相法接线差动平衡试验结果

$$\begin{cases} I_{高} = kI_{e1} \\ I_{低} = kI_{e2} \end{cases} \tag{2-6}$$

当取 k=1 时，将设置量加进保护装置，保护装置三相差流接近 0，制动电流接近 I_e（I_e 为标幺值，以各侧二次额定电流为基值）。六相法接线差动平衡试验结果如图 2-4 所示。

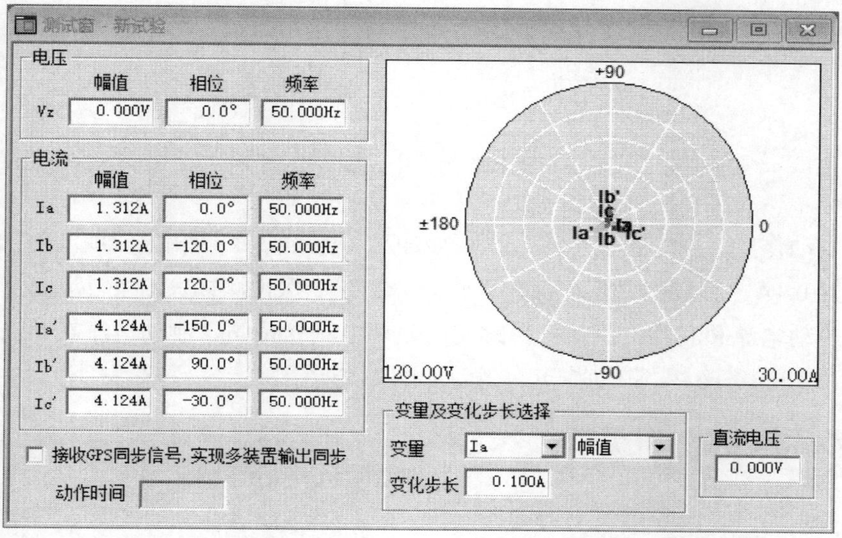

图 2-4 六相法接线差动平衡试验结果

4. 比率差动制动系数校验

K_{bl} 取值为 0.5，主变压器比率差动动作方程为

$$\begin{cases} I_d > 0.2I_r + I_{cdqd} & I_r \leqslant 0.5I_e \\ I_d > K_{b1}(I_r - 0.5I_e) + 0.1I_e + I_{cdqd} & 0.5I_e \leqslant I_r \leqslant 6I_e \\ I_d > 0.75(I_r - 6I_e) + K_{b1} \times 5.5 \times I_e + 0.1I_e + I_{cdqd} & I_r > 6I_e \\ I_r = \dfrac{1}{2}\sum\limits_{i=1}^{m}|I_i| \\ I_d = \left|\sum\limits_{i=1}^{m}\dot{I}_i\right| \end{cases} \tag{2-7}$$

比率差动动作方程及动作特性如图 2-5 所示。

选用高压侧与低压侧进行试验，根据图 2-2 接线方式，以三相法为例：

（1）先找平衡。继电保护测试仪设置 A 相电流 $\dot{I}_a = kI_{e1} = 0.5 \times 1.312\angle 0° = 0.656\angle 0°$（A），B 相与 A 相大小相等方向相反，C 相电流 $\dot{I}_c = k \times \sqrt{3} \times I_{e2} = 0.5 \times \sqrt{3} \times 4.124\angle 180° = 3.57\angle 180°$（A）（$k$ 是调整后电流大小，这里取 0.5，取别的值亦可）。将设置量加进保护装置，保护装置

A 与 B 两相差流接近 0，制动电流接近 $0.5I_e$。

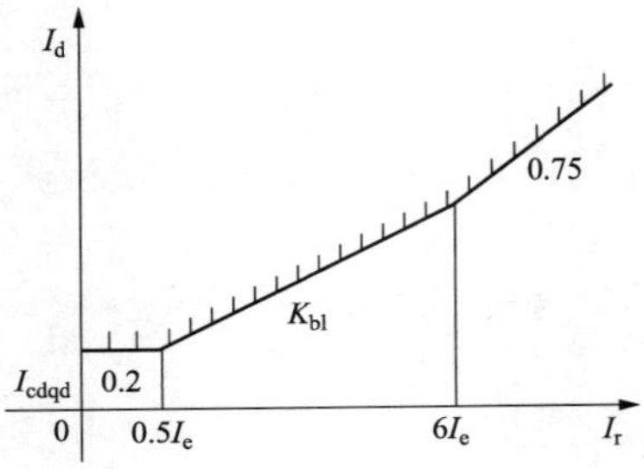

图 2-5　比率差动动作方程及动作特性

（2）再找动作点。固定某侧电流，逐渐增加高压侧 A、B 两相电流或增加低压侧单相电流，步长设置 0.1A，直到比率差动保护动作。增加继电保护测试仪 C 相电流，差动动作时，记录此时的差动电流和制动电流数值，跳闸时差动电流 $0.801I_e$，制动电流 $0.902I_e$，制动电流满足 $0.5I_e \leqslant 0.902I_e \leqslant 6I_e$，该动作点有效，如图 2-6 所示。

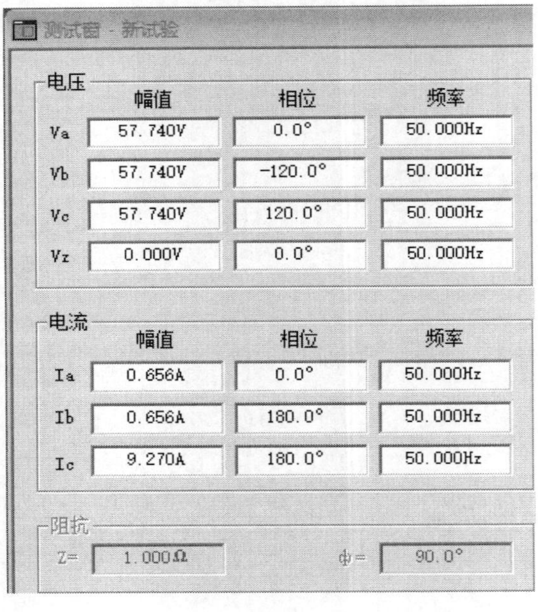

	描述	设置值	单位
1	纵差高压1分支额定电流	1.312	A
2	纵差高压2分支额定电流	0.000	A
3	纵差中压侧额定电流	1.255	A
4	纵差低压1分支额定电流	4.123	A
5	纵差低压2分支额定电流	0.000	A
6	纵差A相差电流幅值	0.801	Ie
7	纵差B相差电流幅值	0.801	Ie
8	纵差C相差电流幅值	0.000	Ie
9	纵差A相制动电流	0.902	Ie
10	纵差B相制动电流	0.902	Ie
11	纵差C相制动电流	0.000	Ie
12	纵差A相差动门槛	0.801	Ie
13	纵差B相差动门槛	0.801	Ie
14	纵差C相差动门槛	0.500	Ie

图 2-6　比率差动试验（一）

（3）寻找第二个动作临界点。从步骤（1）开始，k 取另一个值，如 k=1，先加平衡，然后固定某侧电流，调整另一侧电流直到比率差动保护动作，记录此时的差动电流 $1.138I_e$ 和制动电流 $1.573I_e$。制动电流也要在两个拐点内，如图 2-7 所示。

（4）将试验数据填入表 2-4，计算比率差动制动系数。$K=(I_{cd2}-I_{cd1})/(I_{r2}-I_{r1})=(1.138-0.801)/(1.573-0.902)=0.502$，计算出的 K 值约等于 0.5（斜率固定为 0.5）。

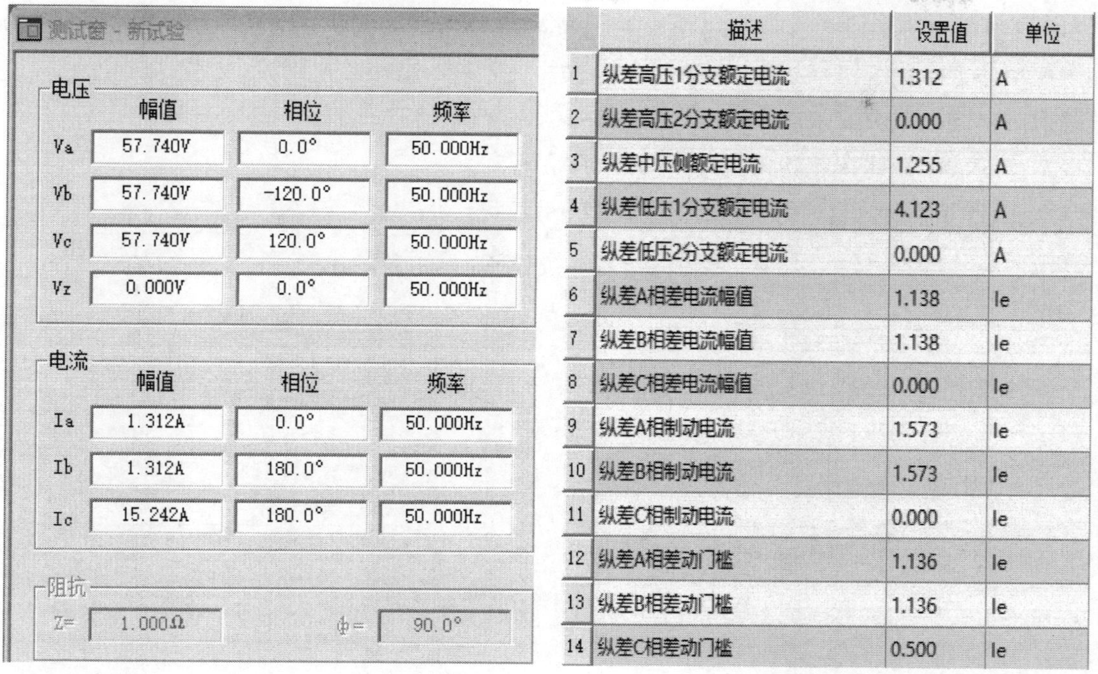

图 2-7 比率差动试验（二）

表 2-4 **变压器比率差动试验点记录**

序号	电流 I_1		电流 I_2		差动电流	制动电流	比率制动系数
	有名值	标幺值	有名值	标幺值			
1					0.801	0.902	0.502
2					1.138	1.573	
3							
4							

图 2-5 的比率差动第一段曲线较短且斜率低（为 0.2），计算出的斜率误差会较大；第三段曲线斜率较大，试验时所加电流太大对保护装置和仪器有损伤，故不建议校验。

5. 二次谐波闭锁比率差动试验

二次谐波闭锁比率差动试验时，最好选择在变压器保护其中一侧的某一相基波上叠加二次谐波，因多相叠加时不同相的二次谐波会相互影响，不易确定差流中的二次谐波含量。选择主变压器高压侧 A 相作为试验相。接线同比率差动试验。

谐波闭锁采用或的关系，闭锁方程为

$$\begin{cases} I_{2nd} > K_{2xb} I_{1st} \\ I_{3rd} > K_{3xb} I_{1st} \end{cases} \qquad (K_{2xb}=0.15，K_{3xb}=0.2) \qquad (2\text{-}8)$$

（1）继电保护测试仪“谐波”试验菜单中 A 相基波电流设置为 4A，叠加的二次谐波电流为 0，加进保护装置。差动保护跳闸（先保证该基波电流能使比率差动保护动作）。

（2）继电保护测试仪 A 相基波电流设置为 4A，叠加的二次谐波电流为 0.8A（大于 15%），加进保护装置。变压器差动保护不动作。基波电流不变，减小二次谐波电流幅值到近 0.6A 使差动跳闸（步长 0.01A）。

二次谐波闭锁比率差动试验结果如图 2-8 所示。

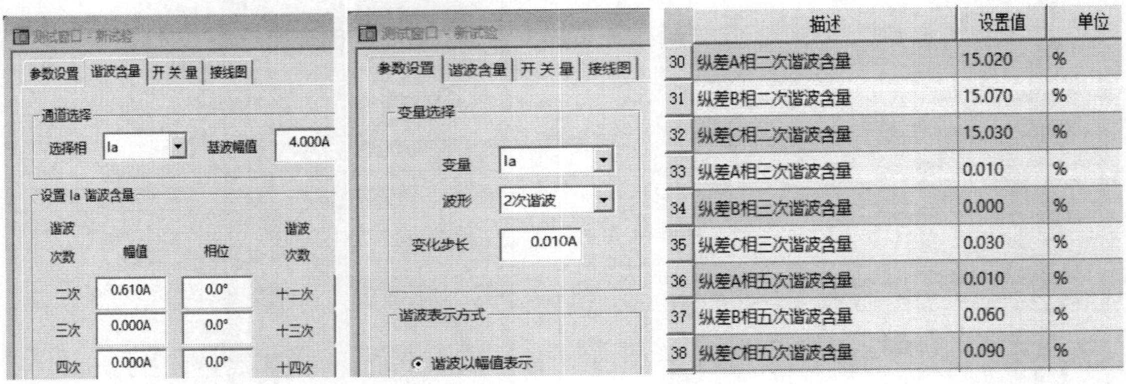

图 2-8　二次谐波闭锁比率差动试验结果

6. 三次谐波闭锁比率差动试验

三次谐波闭锁比率差动试验时，最好选择差动某一侧某一相基波叠加三次谐波，因多相叠加时不同相中的三次谐波会相互影响，不易确定差流中的三次谐波含量。选择主变压器高压侧 A 相作为调试相，试验方法同二次谐波闭锁，变量选择三次谐波即可。试验接线如图 2-9 所示，二、三次谐波闭锁比率差动试验均可采用此接线。

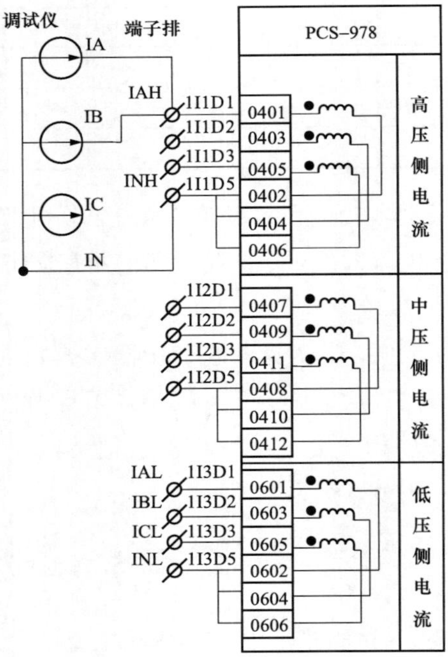

图 2-9　谐波闭锁比率差动试验接线

（1）继电保护测试仪 A 相电流设置为 2∠0°A，频率 50Hz，作为基波电流，加进保护，比率差动保护可靠动作（注意基波电流不能加的太大，高值比率差动不经三次谐波闭锁）。

（2）同时在 B 相输出 1∠0°A，频率 150Hz 的电流，作为三次谐波电流，差动保护不动作，变量选择 B 相电流，逐渐降低 B 相电流直至差动保护动作，实测动作值为 0.4A，则三次谐波闭锁值为 0.4/2=0.2。

三次谐波闭锁比率差动试验结果如图 2-10 所示。

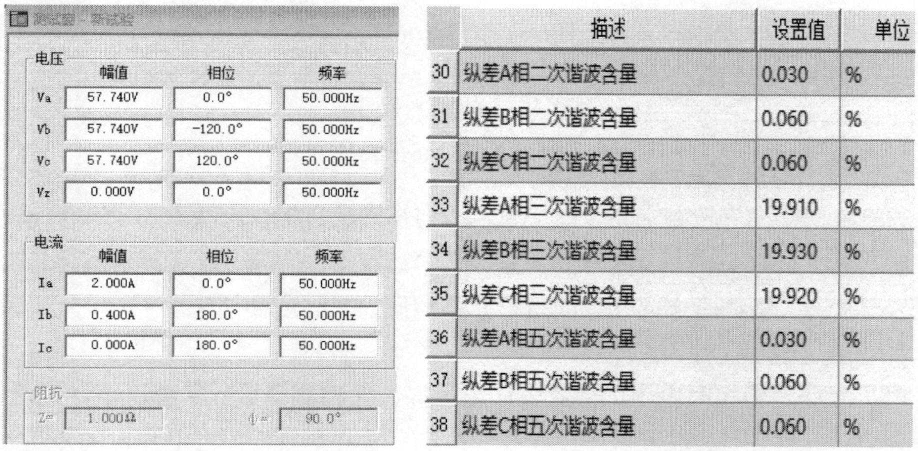

图 2-10 三次谐波闭锁比率差动试验结果

7. 差动速断保护试验

在高压侧加电流。如在高压侧 A、B 相加 $I_c = I_{sd} \times 1.05 = 4 \times 1.96 \times 1.05 = 8.232(A)$ 的电流，差动速断保护可靠动作；加入 $I_c = I_{sd} \times 0.95 = 4 \times 1.96 \times 0.95 = 7.448(A)$ 的电流，差动速断保护可靠不动作。

试验接线同比率差动保护试验，如果在高压侧加单相电流，则动作值需要再乘以 3/2（高压侧每相都要减去零序电流 I_0）。

8. TA 断线闭锁比率差动试验

试验接线采用六相法输出，在主变压器高低压侧各加 I_e 的三相电流，使之平衡无差流。撤掉其中任一相电流，“TA 断线闭锁差动保护”控制字置 0，则差动保护动作；“TA 断线闭锁差动保护”控制字置 1，则差动保护不动作。

TA 断线闭锁低值比率差动和工频变化差动，但不闭锁差动速断保护和高值比率差动。

（二）复合电压闭锁方向过流保护

1. 试验原理

（1）方向元件。

方向元件采用正序电压，并带有记忆，在近区三相短路时方向元件无死区，采用零度接线方式，用对应相的正序电压与相电流进行比相，可以通过定值来选择方向是指向变压器还是系统。方向元件动作区如图 2-11 所示。

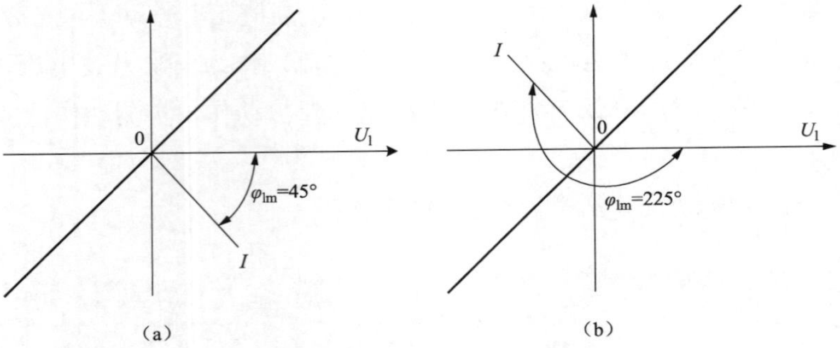

图 2-11　方向元件动作区

(a) 方向指向变压器；(b) 方向指向系统

当"过流方向指向"控制字为 1 时，表示方向指向变压器，灵敏角为 45°；当"过流方向指向"控制字为 0 时，方向指向系统，灵敏角为 225°。

各型号对于 TV 断线时方向元件的处理并不相同，具体应参照说明书。

(2) 复合电压闭锁元件。

复合电压元件是指相间电压低或者负序电压高，在控制字投入的情况下，过流保护默认经本侧复合电压元件闭锁，也可以通过专设的控制字选择是否同时经其他侧的复压元件闭锁。

各型号对于复压闭锁的处理并不相同，具体应参照说明书。如 PCS-978GE/GC 高、中压侧复压元件为各侧并联，低压侧复压只取本侧。

2. 试验条件

投入"高压侧后备保护"硬压板和"投高压侧电压"硬压板。高压侧后备保护试验定值见表 2-5。

表 2-5　　高压侧后备保护试验定值

高压侧后备保护定值			高压侧后备保护控制字定值			保护跳闸矩阵定值		
序号	描述	值	序号	描述	值	序号	描述	值
1	低电压闭锁定值	70.000	1	复压过流 I 段带方向	1	1	主保护	1
2	负序电压闭锁定值	4.00	2	复压过流 I 段指向母线	0	2	高复压过流 I 段 1 时限	1
3	复压过流 I 段定值	5.00	3	复压过流 I 段经复压闭锁	1	3	高复压过流 I 段 2 时限	1
4	复压过流 I 段 1 时限	0.500	4	复压过流 II 段带方向	0	4	高复压过流 I 段 3 时限	1
5	复压过流 I 段 2 时限	1.000	5	复压过流 II 段指向母线	0	5	高复压过流 II 段 1 时限	1
6	复压过流 I 段 3 时限	1.500	6	复压过流 II 段经复压闭锁	0	6	高复压过流 II 段 2 时限	1
7	复压过流 II 段定值	2.000	7	复压过流III段经复压闭锁	0	7	高复压过流 II 段 3 时限	1
8	复压过流 II 段 1 时限	0.500	8	复压过流 I 段 1 时限	1	8	高复压过流III段 1 时限	1

续表

高压侧后备保护定值			高压侧后备保护控制字定值			保护跳闸矩阵定值		
序号	描述	值	序号	描述	值	序号	描述	值
9	复压过流Ⅱ段2时限	1.000	9	复压过流Ⅰ段2时限	0	9	高复压过流Ⅲ段2时限	1
10	复压过流Ⅱ段3时限	1.500	10	复压过流Ⅰ段3时限	0	10	高零序过流Ⅰ段1时限	1
11	复压过流Ⅲ段定值	1.500	11	复压过流Ⅱ段1时限	0	11	高零序过流Ⅰ段2时限	1
12	复压过流Ⅲ段1时限值	1.000	12	复压过流Ⅱ段2时限	0	12	高零序过流Ⅰ段3时限	1
13	复压过流Ⅲ段2时限值	1.500	13	复压过流Ⅱ段3时限	0	13	高零序过流Ⅱ段1时限	1

试验接线如图 2-12 所示。以高压侧复压过流Ⅰ段Ⅰ时限为例，其他功能暂时不投。

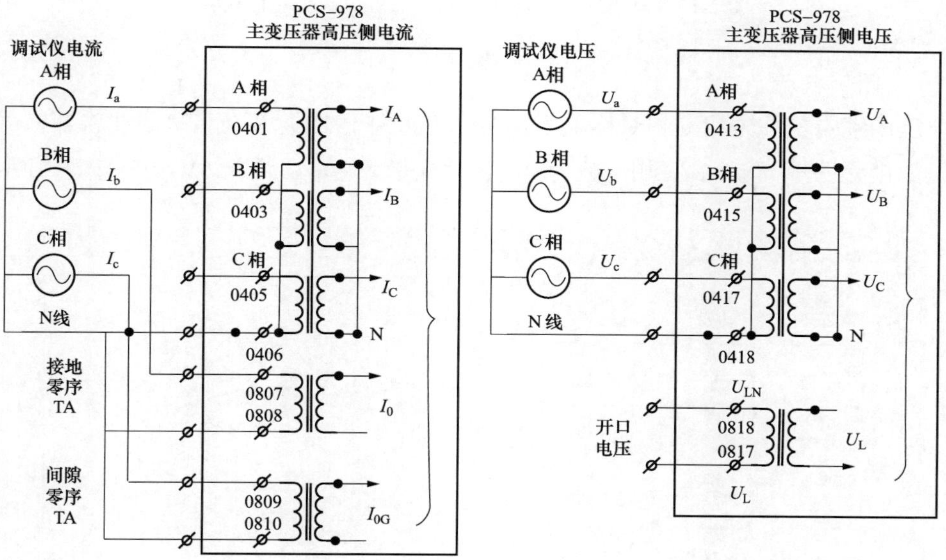

图 2-12 高压侧后备保护试验接线

试验仪的 A 相电流作为主变压器高压侧的相电流，同时也是自产零序电流；B 相电流作为主变压器高压侧的外接零序电流；C 相作为主变压器高压侧的间隙零序电流。

3. 过流Ⅰ段定值校验

加任一相电流 5.25A（1.05 倍定值），过流保护动作，如图 2-13 所示。加任一相电流 4.75A（0.95 倍定值），过流保护不动作。

有些版本的主变压器过流保护在 TV 断线时是退出的，故要先加三相对称的电压 33V（能使 TV 断线信号消失且复压元件开放），待 TV 断线信号消失后再加 1.05 倍定值的电流，也可以采用变量的方式将电流从小加到大，过流保护动作。

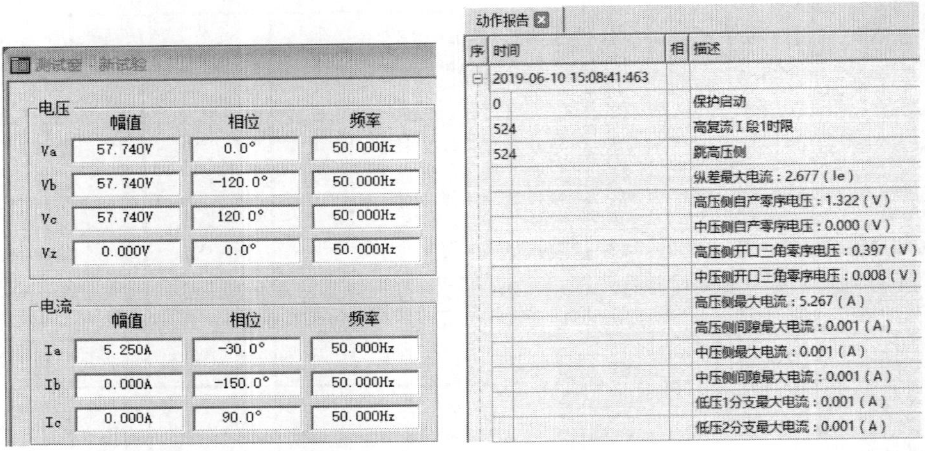

图 2-13　高压侧复合电压闭锁方法过流保护定值校验

4. 复压闭锁校验

低电压闭锁定值。先加三相对称电压 44V，时间大于 10s（保证 TV 断线告警信号消失且复合电压闭锁元件不开放），三相电流为 0，设置变量为 U_{abc}，步长 1V，如图 2-14 所示。

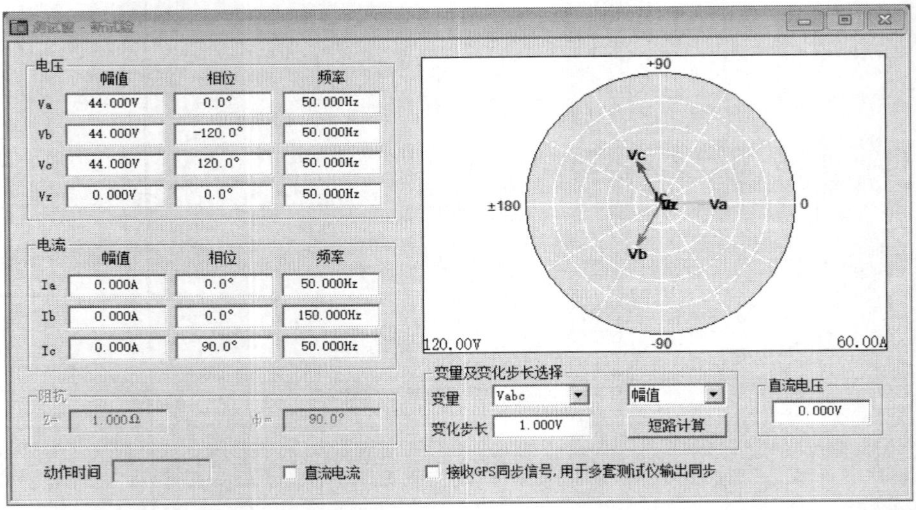

图 2-14　复压闭锁过流保护相间低电压试验步骤 1

等到报警灯熄灭后，加入单相电流 6A，保护不动作，降低三相电压至 70/1.732=40.4V 左右，过流保护动作，低电压元件满足，如图 2-15 所示。

负序电压闭锁定值。设置变量为 U_a，步长 1V，降低或增加单相电压 4×3=12V 左右，过流保护动作，负序电压元件满足。改变单相电压 1V 时负序电压升高 1/3，若继电保护测试仪有负序变量选项更方便。

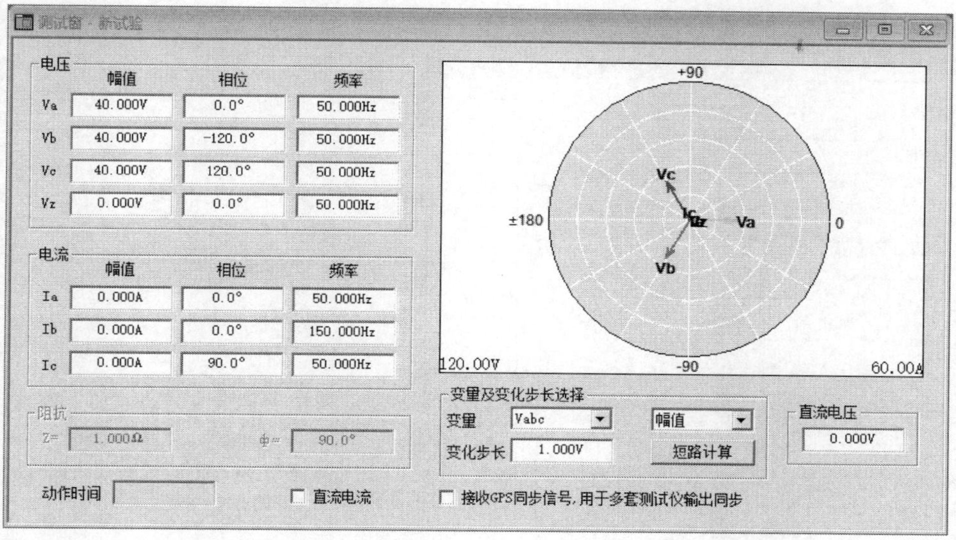

图 2-15 复压闭锁过流保护相间低电压试验步骤 2

先加三相电压 55V，时间大于 10s，等待 TV 断线信号消失，如图 2-16 所示。

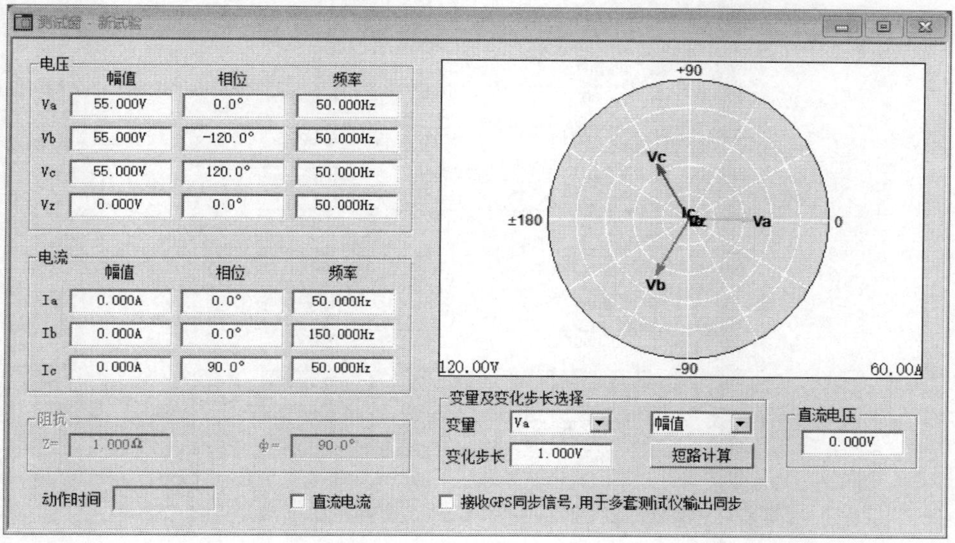

图 2-16 复压闭锁过流保护负序电压试验步骤 1

加入电流后降低单相电压至保护动作，负序满足，如图 2-17 所示。

5. 方向闭锁校验

先加三相对称电压 33V，时间大于 10s（保证 TV 断线告警信号消失且复合电压闭锁元件开放），三相电流为 0，等待 TV 断线信号消失，如图 2-18 所示。

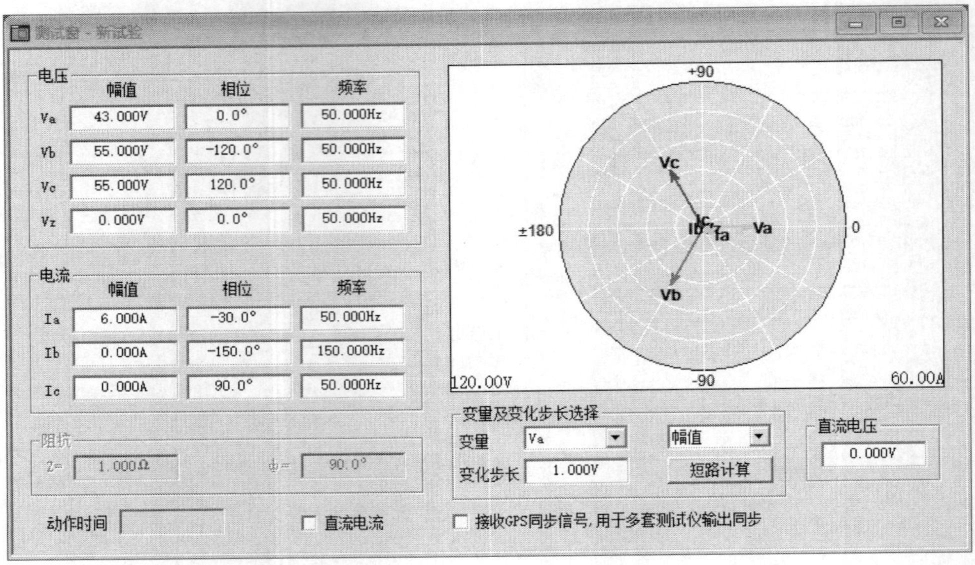

图 2-17　复压闭锁过流保护负序电压试验步骤 2

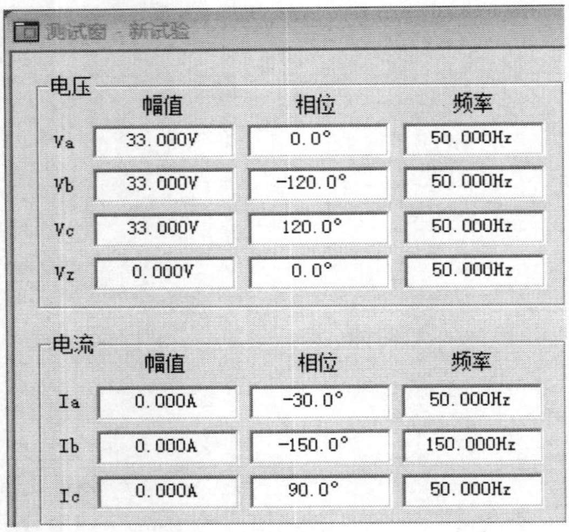

图 2-18　过流保护经方向闭锁试验（指向主变压器）步骤 1

在 A 相加入 6A 电流，相位与 A 相电压反向（此时正序电压为 33V，相位 0°），过流保护不动作。改变电流相位与 A 相电压同向，过流保护动作。也可以通过设置 A 相电流相位为变量，逐渐改变电流相位从保护不动作到保护跳闸为止，校验过流保护经方向闭锁的动作区间，如图 2-19 所示。

(a) (b)

图 2-19 过流保护经方向闭锁试验（指向主变压器）步骤 2

（a）反方向保护不动作；（b）正方向保护动作

（三）零序方向过流保护

1. 试验原理

零序方向元件使用的电压固定为自产零序电压，使用的电流可以通过定值选择用自产零序或者外接零序 TA。其方向指向可以在定值中整定指向变压器或者指向系统。当“零序方向指向”控制字为 1 时，方向指向变压器，方向灵敏角为 255°；当“零序方向指向”控制字为 0 时，表示方向指向系统，方向灵敏角为 75°。其动作特性如图 2-20 所示。

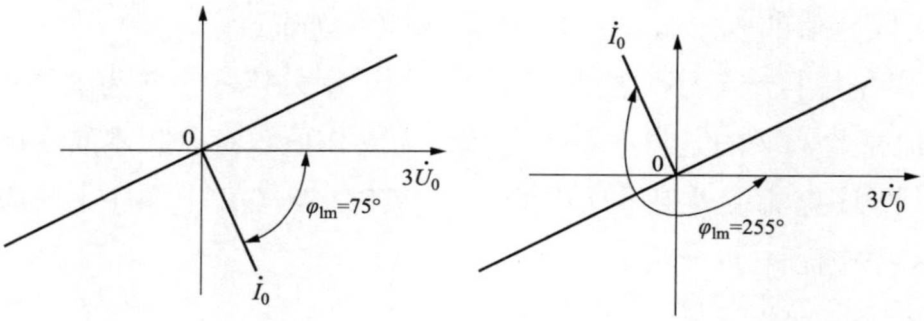

(a) (b)

图 2-20 零序方向元件动作区

（a）方向指向系统；（b）方向指向变压器

各型号对于 TV 断线时方向元件的处理并不相同，具体应参照说明书。

2. 试验条件

投入“高压侧后备保护”硬压板和软压板及“投高压侧电压”硬压板。试验定值设置见表 2-6（先退出复压过流保护）。

表 2-6　　高压侧接地后备保护试验定值

高压侧后备保护定值				高压侧后备保护控制字定值		
序号	描述	值	单位	序号	描述	值
14	零序过流Ⅰ段定值	4.000	A	15	复压过流Ⅲ段2时限	0
15	零序过流Ⅰ段1时限	0.500	s	16	零序过流Ⅰ段带方向	1
16	零序过流Ⅰ段2时限	1.000	s	17	零序过流Ⅰ段指向母线	0
17	零序过流Ⅰ段3时限	1.000	s	18	零序过流Ⅰ段采用自产零流	1
18	零序过流Ⅱ段定值	2.000	A	19	零序过流Ⅱ段带方向	0
19	零序过流Ⅱ段1时限	1.000	s	20	零序过流Ⅱ段指向母线	0
20	零序过流Ⅱ段2时限	1.000	s	21	零序过流Ⅱ段采用自产零流	0
21	零序过流Ⅱ段3时限	1.000	s	22	零序过流Ⅲ段采用自产零流	1
22	零序过流Ⅲ段定值	150.0	A	23	零序过流Ⅰ段1时限	0
23	零序过流Ⅲ段1时限	20.00	s	24	零序过流Ⅰ段2时限	0
24	零序过流Ⅲ段2时限	20.00	s	25	零序过流Ⅰ段3时限	0
25	间隙过流时间	0.500	s	26	零序过流Ⅱ段1时限	0
26	零序过压时间	0.500	s	27	零序过流Ⅱ段2时限	0

试验接线同高压侧后备保护试验接线。

3. 零序过流保护定值校验

在B相通入电流（零序过流Ⅰ段定值的1.05倍），不加电压，保护动作；通入电流小于定值（零序过流Ⅰ段定值的0.95），不加电压，保护不动作。

“零序过流Ⅰ段采用自产零序”控制字置0，则采用外接零序作为动作值，如果置1，则要在A相上加电流试验，取的是自产零序电流作为动作值。有些版本的零序过流保护所用零序电流固定用自产零序电流或外接零序电流，如PCS-978-GE中零序Ⅰ段固定用自产，零序Ⅱ段固定用外接零序电流。

4. 方向闭锁校验

判方向所用电流电压固定为自产零序电流和自产零序电压。

先加三相电压，其中A相电压稍大些，时间大于10s（保证TV断线告警信号消失且有零序电压），三相电流为0（如果A相电压小于其他两相，则零序电压的相位为180°，则动作区要倒过来看），如图2-21所示。

等到高压侧TV断线消失后，在A相加入4.2A电流，电流相位同A相电压，零序过流保护不动作，如图2-22所示。

改变A相电流相位与A相电压反向，零序过流保护动作如图2-23所示。

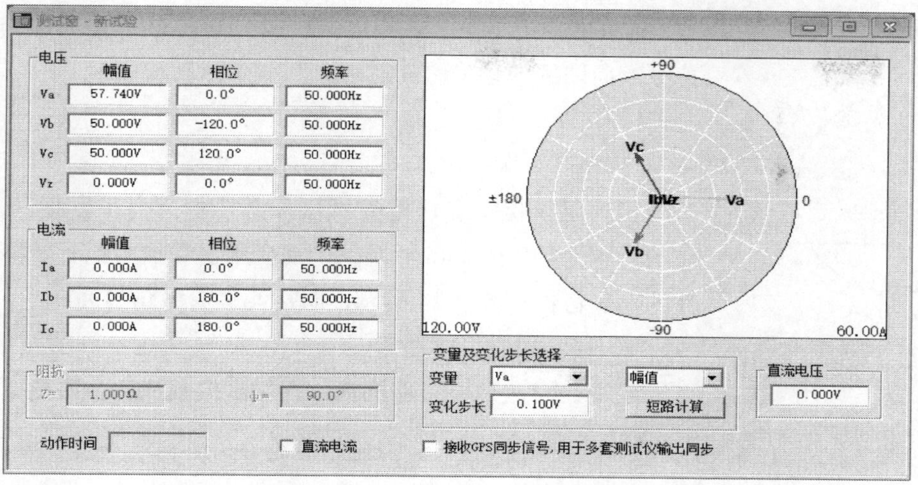

图 2-21　零序方向过流保护校验步骤 1

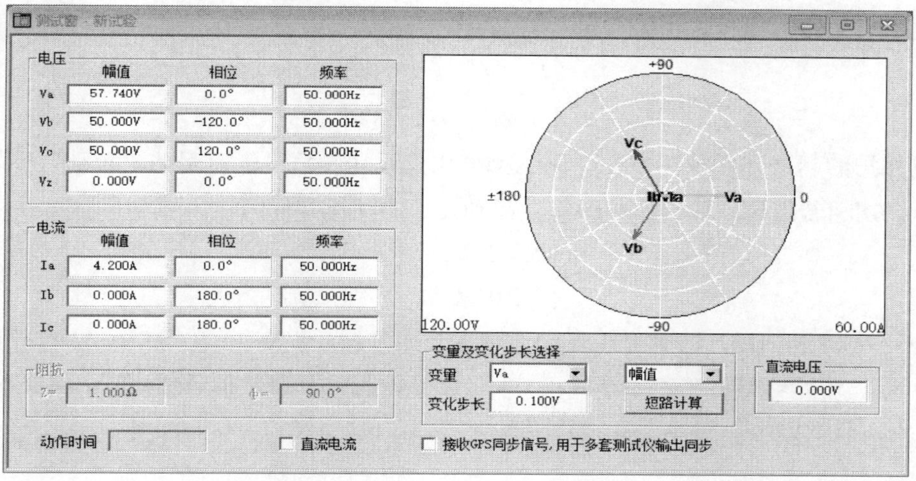

图 2-22　零序方向过流保护校验步骤 2

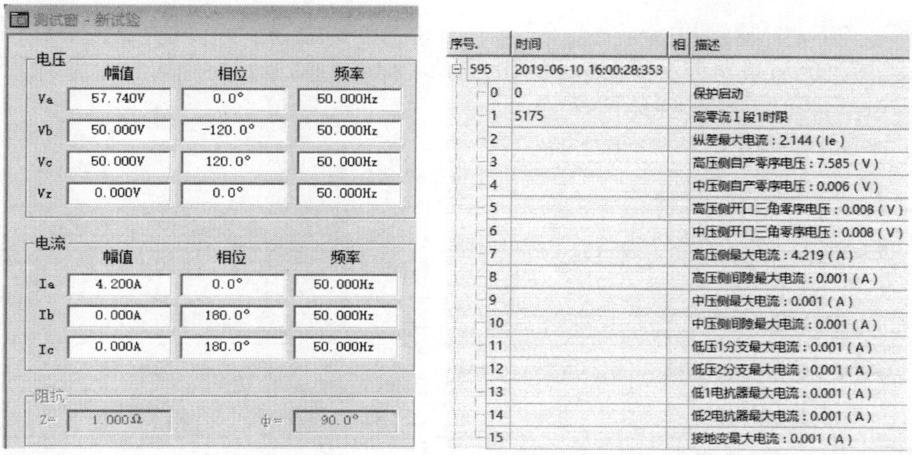

序号	时间	相	描述
595	2019-06-10 16:00:28:353		
0	0		保护启动
1	5175		高零流Ⅰ段1时限
2			纵差最大电流：2.144（Ie）
3			高压侧自产零序电压：7.585（V）
4			中压侧自产零序电压：0.006（V）
5			高压侧开口三角零序电压：0.008（V）
6			中压侧开口三角零序电压：0.008（V）
7			高压侧最大电流：4.219（A）
8			高压侧间隙最大电流：0.001（A）
9			中压侧最大电流：0.001（A）
10			中压侧间隙最大电流：0.001（A）
11			低压1分支最大电流：0.001（A）
12			低压2分支最大电流：0.001（A）
13			低1电抗器最大电流：0.001（A）
14			低2电抗器最大电流：0.001（A）
15			接地变最大电流：0.001（A）

图 2-23　零序方向过流保护校验步骤 3

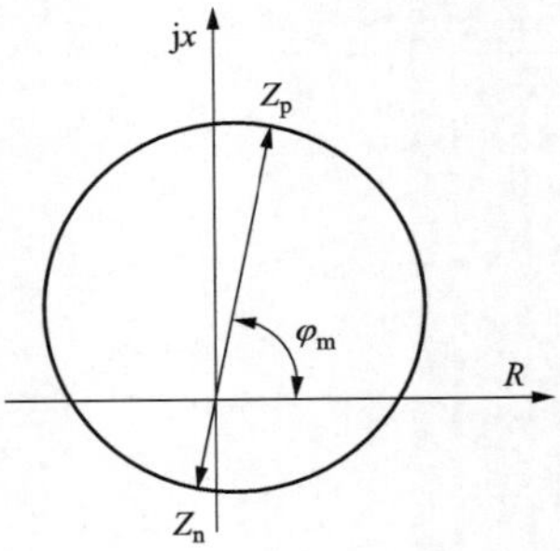

图 2-24 阻抗保护动作特性

也可以通过设置 A 相电流相位为变量的方法校验零序过流保护经方向闭锁的动作区间。

（四）阻抗保护

1. 试验原理

相间阻抗保护和接地阻抗保护主要作为变压器相间及接地故障的后备保护，在 330kV 及以上的变压器保护中配置较多。阻抗元件的动作特性如图 2-24 所示，阻抗元件灵敏角为 80°。

图中 Z_p 和 Z_n 可以在定值中自由整定，通过不同的整定值组合，可以控制其特性为方向阻抗圆、偏移阻抗圆或者全阻抗圆。

相间阻抗元件的比相方程为

$$90° < \mathrm{Arg}\frac{\dot{U} - \dot{I}Z_p}{\dot{U} + \dot{I}Z_n} < 270° \tag{2-9}$$

接地阻抗元件的比相方程为

$$90° < \mathrm{Arg}\frac{\dot{U}_\phi - (\dot{I}_\phi + k \times 3I_0)Z_p}{\dot{U}_\phi + (\dot{I}_\phi + k \times 3I_0)Z_n} < 270° \tag{2-10}$$

阻抗保护的起动元件采用相间电流工频变化量起动和负序电流起动，起动元件起动后开放 500ms，期间若阻抗元件动作则保持。起动元件的动作方程为

$$\begin{cases} \Delta I > 1.25\Delta I_t + I_{th} \\ I_2 > 0.2I_n \end{cases} \tag{2-11}$$

式中 ΔI_t——浮动门槛，随着变化量输出增大而逐步自动提高，取 1.25 倍ΔI_t可保证门槛电流始终略高于不平衡输出，保证在系统振荡和频率偏移情况下，保护不误起动；

I_{th}——固定门槛；

I_2——负序电流。

当相间电流的工频变化量大于 $0.2I_n$ 时，起动元件动作。

2. 试验条件

投入“高压侧后备保护”硬压板和软压板及“投高压侧电压”硬压板。校验定值设置见表 2-7（先退出过流保护和零序过流保护）。

表 2-7　高压侧阻抗保护试验定值

高压侧后备保护定值				高压侧后备保护控制字		
序号	描述	值	单位	序号	描述	设置值
1	高指向主变压器相间阻抗定值	20.000	Ω	1	高相间阻抗 1 时限	1
2	高指向母线相间阻抗定值	1.000	Ω	2	高相间阻抗 2 时限	0
3	高相间阻抗 1 时限	1.000	s	3	高相间阻抗 3 时限	0
4	高相间阻抗 2 时限	1.000	s	4	高接地阻抗 1 时限	1

续表

高压侧后备保护定值				高压侧后备保护控制字		
序号	描述	值	单位	序号	描述	设置值
5	高相间阻抗 3 时限	1.000	s	5	高接地阻抗 2 时限	0
6	高指向主变压器接地阻抗定值	20.000	Ω	6	高接地阻抗 3 时限	0
7	高指向母线接地阻抗定值	1.000	Ω	保护跳闸矩阵定值		
8	高接地阻抗 1 时限	1.000	s	1	高相间阻抗 1 时限	0x0001
9	高接地阻抗 2 时限	1.000	s	2	高相间阻抗 2 时限	0x0001
10	高接地阻抗 3 时限	1.000	s	3	高接地阻抗 1 时限	0x0001
11	高接地阻抗零序补偿系数	0.600	s	4	高接地阻抗 2 时限	0x0001

试验接线同复合电压闭锁方向过流保护试验。

3. 相间阻抗保护校验

以高相间阻抗 1 段为例。

（1）状态 1（正常空载运行）。用继电保护测试仪给装置加入 A、B、C 三相额定电压，电流可不加，持续时间 18s，此状态要保证 TV 断线信号消失（2s），阻抗保护才能投入，如图 2-25 所示。

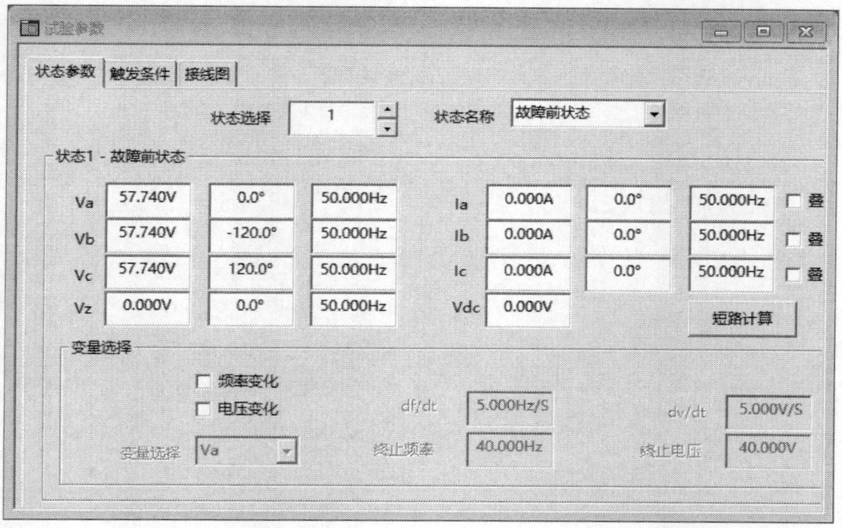

图 2-25 空载状态

（2）状态 2（相间短路故障状态）。

1）指向变压器方向相间故障。m=0.95 时正方向区内故障，加两个大小相等方向相反的

故障相电流 I_ϕ（如 1A），按 $U_{\phi\phi}=I_{\phi\phi}mZ_{ZD}=2I_\phi mZ_{ZD}$ 计算出故障相间电压大小，故障相间电流滞后相间电压的角度为 80°，然后计算出故障相的电压（故障相间电压的相位差可以设置为 120°，则故障相电压幅值是相间电压的$1/\sqrt{3}$）。模拟相间故障，故障状态时间设置为 1050～1100ms，保护动作跳闸，如图 2-26 所示。m=1.05 时正方向区外故障不动作，如图 2-27 所示。

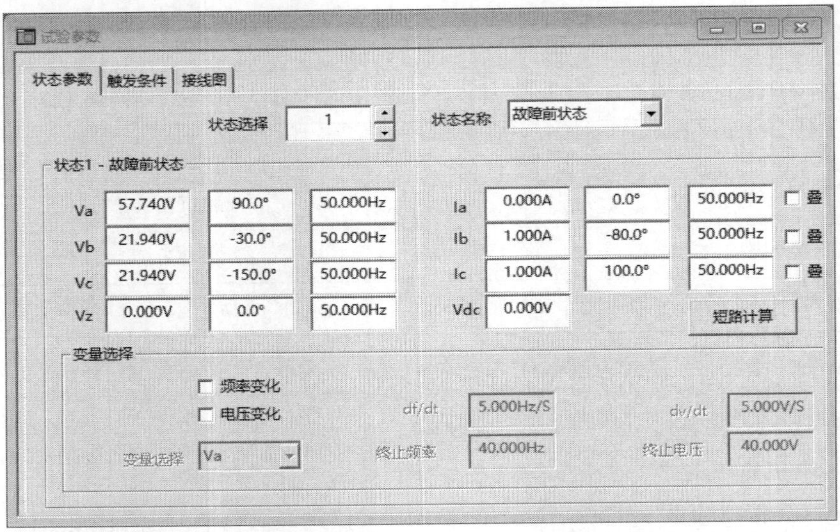

序号.	时间	相	描述
612	2019-06-10 16:52:57:310		
0	0		保护启动
1	1022		高相间阻抗1时限
2	1022		跳高压侧
3	1100		高相间阻抗1时限：返回
4	1102		跳高压侧：返回
5	1623		保护启动：返回
6			纵差最大电流：0.766（Ie）
7			高压侧自产零序电压：35.858（V）
8			中压侧自产零序电压：0.012（V）
9			高压侧开口三角零序电压：0.008（V）
10			中压侧开口三角零序电压：0.008（V）
11			高压侧最大电流：1.004（A）
12			高压侧间隙最大电流：0.001（A）
13			中压侧最大电流：0.001（A）
14			中压侧间隙最大电流：0.001（A）
15			低压1分支最大电流：0.001（A）
16			低压2分支最大电流：0.001（A）

图 2-26　相间短路故障（指向变压器方向，区内故障）

2）指向母线方向相间故障。试验计算过程与 1）中所述相似（故障相间电流滞后相间电压的角度为－100°）。

4. 接地阻抗保护试验

以高接地阻抗 I 段为例。

（1）状态 1（正常空载运行）。同相间阻抗保护 I 段状态 1。

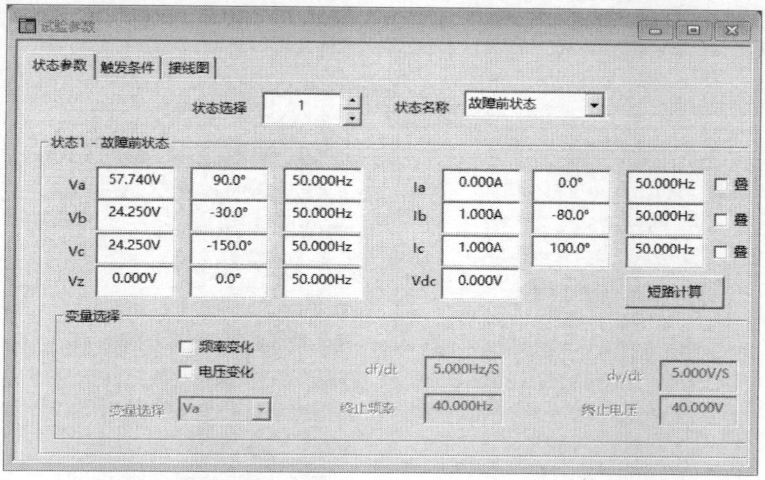

图 2-27　相间短路故障（指向变压器方向，区外故障）

（2）状态 2（接地短路故障状态）。

1）指向变压器方向接地故障。m=0.95 时正方向区内故障，加适当大小的故障相电流 I_ϕ（如 1A），按 $U_\phi=(1+k)\ I_\phi mZ_{ZD1}$（$k$ 为零序补偿系数，k=0，Z_{ZD1} 为接地阻抗定值）计算出故障相电压大小，故障相电流滞后故障相电压的角度为 80°，模拟各相单相接地故障，故障状态时间设置为 1050～1100ms，保护动作跳闸，如图 2-28 所示。m=1.05 时正方向区外故障不动作，如图 2-29 所示。

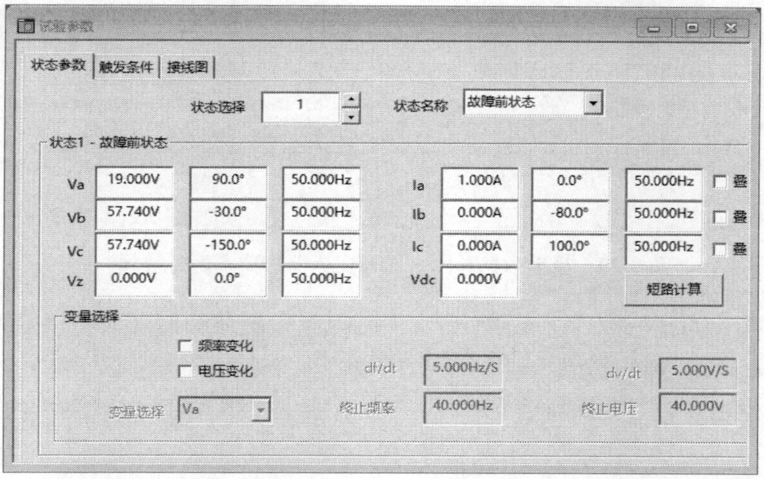

图 2-28　接地短路故障（指向变压器方向，区内故障）（一）

动作报告

序号.	时间	相	描述
614	2019-06-10 17:05:55:166		
0	0		保护启动
1	1024		高接地阻抗1时限
2	1024		跳高压侧
3	1112		高接地阻抗1时限：返回
4	1112		跳高压侧：返回
5	1623		保护启动：返回
6			纵差最大电流：0.510（Ie）
7			高压侧自产零序电压：38.660（V）
8			中压侧自产零序电压：0.012（V）
9			高压侧开口三角零序电压：0.000（V）
10			中压侧开口三角零序电压：0.008（V）
11			高压侧最大电流：1.004（A）
12			高压侧间隙最大电流：0.001（A）
13			中压侧最大电流：0.001（A）
14			中压侧间隙最大电流：0.001（A）
15			低压1分支最大电流：0.001（A）
16			低压2分支最大电流：0.001（A）

图 2-28 接地短路故障（指向变压器方向，区内故障）（二）

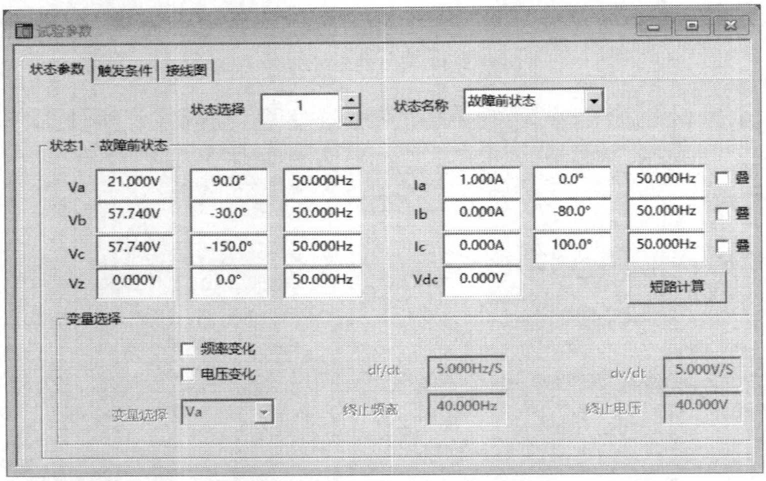

图 2-29 接地短路故障（指向变压器方向，区外故障）

2）指向母线方向接地故障。试验计算过程与 1）中所述相似（故障相电流滞后故障相电压的角度为−100°，零序补偿系数 k=0.6）。

（五）高压侧间隙零序保护试验

1. 试验原理

保护设有一段间隙零序过流保护和一段零序过压保护，作为变压器中性点经间隙接地运行时的接地故障后备保护。

间隙零序过流保护、零序过压保护动作并展宽一定时间后计时。考虑到在间隙击穿过程中，零序过流和零序过压可能交替出现，装置设有“间隙保护方式”控制字。当“间隙保护方式”控制字为 1 时，零序过压和零序过流元件动作后相互保持，此时间隙保护的动作时间整定值和跳闸逻辑定值的整定值均以间隙零序过流保护的整定值为准。

2. 试验条件

投入“高压侧后备保护”硬压板和软压板及“投高压侧电压”硬压板。校验定值设置见表 2-8（先退出过流保护和零序过流保护）。

表 2-8　　高压侧间隙保护试验定值

高压侧后备保护定值				高压侧后备保护控制字		
序号	描述	值	单位	序号	描述	设置值
16	零序过流Ⅰ段 2 时限	1.000	s	29	零序过流Ⅲ段 1 时限	0
17	零序过流Ⅰ段 3 时限	1.000	s	30	零序过流Ⅲ段 2 时限	0
18	零序过流Ⅱ段定值	2.000	A	31	零序电压采用自产零压	0
19	零序过流Ⅱ段 1 时限	1.000	s	32	间隙过流	1
20	零序过流Ⅱ段 2 时限	1.000	s	33	零序过压	1
21	零序过流Ⅱ段 3 时限	1.000	s	34	高压侧失灵经主变压器跳闸	0
22	零序过流Ⅲ段定值	150.0	A	保护跳闸矩阵定值		
23	零序过流Ⅲ段 1 时限	20.000	s	18	高间隙过流	0x0005
24	零序过流Ⅲ段 2 时限	20.000	s	19	高零序过压	0x001F
25	间隙过流时间	0.500	s	20	高失灵联跳	0x001F
26	零序过压时间	0.500	s	21	中复压过流Ⅰ段 1 时限	0x0000

校验接线如图 2-30 所示，电流接线同复合电压闭锁方向过流不变，电压接在开口三角电压上。

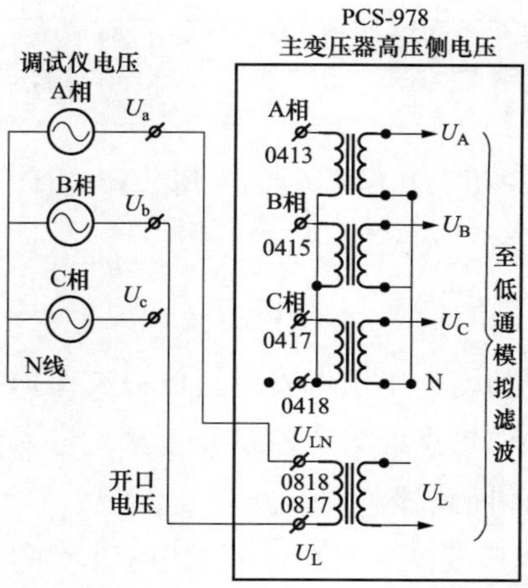

图 2-30　高压侧间隙保护试验接线

3. 间隙过流保护定值校验

在 C 相通入电流 0.5×1.05=0.525A，不加电压，高间隙保护动作；通入电流 0.5×0.95=0.475A，不加电压，高压侧间隙保护不动作。

间隙零序过流保护电流定值固定为一次值 100A。如间隙 TA 变比为 1000/5，一次值取 100A，则二次零序电流动作值为 0.5A。

4. 零序过压保护定值校验（接线见图 2-30）

在 A、B 相通入大小相等方向相反的电压 91V，零序过电压保护动作；在 A、B 相通入大小相等方向相反的电压 89V（PCS-978G 零序过电压保护定值固定为 180V），零序过电压保护不动作。

间隙过压保护电压取外接时零压定值固定为 180V，取自产时零压定值固定为 120V。选取一种做试验即可。

大部分继电保护测试仪单相最大输出电压为 120V 或 125V，故校验 180V 定值时可以加相间电压。

零序电压采用外接零序电压试验，如图 2-31 所示。

电压	幅值	相位	频率
Va	90.700V	0.0°	50.000Hz
Vb	90.700V	180.0°	50.000Hz
Vc	0.000V	120.0°	50.000Hz
Vz	0.000V	0.0°	50.000Hz

图 2-31　零序过压保护试验（零序电压采用外接零序）

零序电压采用自产零序电压试验，如图 2-32 所示。

电压	幅值	相位	频率
Va	0.000V	0.0°	50.000Hz
Vb	120.000V	180.0°	50.000Hz
Vc	0.000V	120.0°	50.000Hz
Vz	0.000V	0.0°	50.000Hz

图 2-32　零序过压保护试验（零序电压采用自产零序）

（六）高压侧失灵联跳

1. 试验原理

装置设有高压侧失灵联跳功能，用于母差或其他失灵保护装置通过变压器保护跳主变压器各侧的方式。当外部保护动作接点经失灵联跳开入接点进入装置后，经过装置的电流元件并带 50ms 延时跳主变压器各侧断路器。

电流元件判据：相电流大于 $1.1I_e$（高压侧额定电流），或零序电流大于 $0.1I_n$，或负序电流大于 $0.1I_n$，或电流突变量判据满足。

2. 试验条件

投入高压侧后备保护硬压板和软压板。“高压侧失灵经主变压器跳闸”控制字置 1，合理整定“高失灵联跳”跳闸控制字。

3. 试验步骤

在 A 相通入 0.5×1.05A 相电流或三相对称的 2.2A（1.1×1.97）正序电流或三相对称的 0.5×1.05A 的负序电流，然后短接屏柜端子 1QD1 和 1QD6（高压侧失灵联跳开入），高压侧失灵联跳保护动作，如图 2-33 所示。

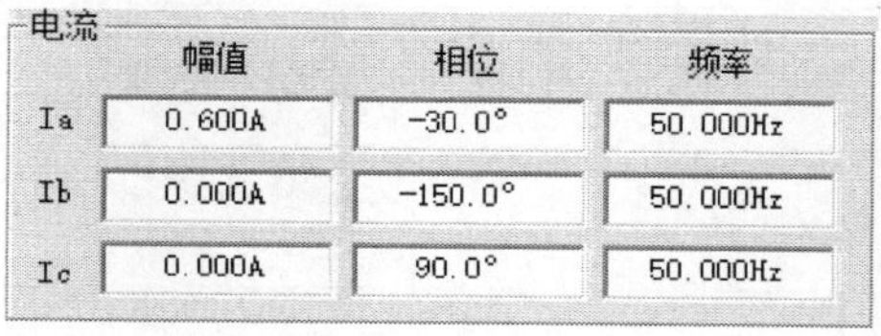

图 2-33　高压侧失灵联跳试验

失灵联跳开入超过 3s 后，装置报“失灵联跳开入报警”，并闭锁失灵联跳功能。

第三节　PCS-978 常见故障及排查方法

PCS-978 保护装置的常见故障，按照类型一般可分为保护定值整定错误、交流回路故障、开入/开出回路故障。不同的故障类型对应不同的故障现象，可根据实际的故障现象进行故障的排查。

保护定值整定错误一般设置保护装置实际定值与给定定值单整定不一致，如设置保护参数、数值型定值、控制字、软压板等与定值单不一致；交流回路故障一般分为交流电压回路和交流电流回路故障，主要有 TA 分流、极性错误、相序错误、TV 开路、TV 相序、极性错误等；开入/开出回路故障一般分为功能压板、跳闸回路、信号回路等开关量故障。PCS-978 保护装置的常见故障及排查方法见表 2-9。

表 2-9　PCS-978 保护装置常见故障及排查方法

故障属性	故障类别	故障点设置	故障现象	排查方法
保护定值	光耦电源电压整定错误	将“插件 X 开入电源电压”整定为 48V/24V	装置报“插件 X 开入电源异常”	检查开入电源电压插件的电压等级及光耦输入电源
	TA 二次额定值整定错误	1A 的互感器，整定为 5A	加电流采样时，装置显示的电流是所加电流的 5 倍	检查“TA 二次额定值”是否与交流插件参数一致，并修正
		5A 的互感器，整定为 1A	加电流采样时，装置显示的电流是所加电流的 20%	
	平衡系数不满足要求	差动回路一侧二次额定电流与平衡系数乘积小于 $0.4I_n$，退出工频变化量比率差动	装置闭锁，报定值校验出错	检查变压器相关参数定值，并修正

续表

故障属性	故障类别	故障点设置	故障现象	排查方法
保护定值	软压板整定错误	将试验要求保护元件的功能软压板退出	保护元件不能动作	检查相关定值，并修正
	差动跳闸矩阵整定错误	跳高压侧矩阵整定为 0	不能跳开高压侧	检查相关定值，并修正
	差动保护钟点数错误	主变压器差动保护钟点数整定错误	影响差流平衡，影响校验结果	检查采样和钟点数
	控制字整定错误	将试验要求保护元件的相关控制字退出	保护元件不能动作	检查相关定值，并修正
		方向保护方向指向错误	校验的方向与实际方向相反	
	打印机参数设置错	打印机串口波特率设置错误	打印乱码	检查打印回路和打印波特率
交流回路	TA 分流（以高压侧 A 相为例）	相 TA 的极性端与非极性端短接（短接 1I1D1 跟 1I1D5）	高压侧 A 相的电流幅值异常，不影响非故障相和外接零序电流	检查故障相电流端子有无附加短接线
		高压侧 A 相与低压侧 A 相电流短路（短接 1I1D1 与 1I3D1）	高、低压侧 A 相的电流幅值异常	按差动保护要求，施加平衡电流，并查看相位
	TA 极性错误（以高压侧 A 相为例）	TA 的极性端与非极性端交换（1I1D1 跟 1I1D5 内部线互换）	高压侧 A 相的电流相位错误，不影响非故障相和外接零序电流	检查故障相电流端子号
	TA 相序错误（以 A、B 相为例）	TA 的两个极性端交换（1I1D1 跟 1I1D2 内部线互换）	高压侧 A、B 相的电流幅值/相位错误，不影响非故障相和外接零序电流	根据幅值和相位确定故障相别，检查故障相电流端子号
	TV 开路（以 A 相为例）	高压侧 A 相 TV 开路（1U1D1 端子虚接）	高压侧 A 相电压幅值异常，不影响非故障相电压	万用表测量相 TV 回路电阻，检查 TV 相端子
	TV 相序错误（以 A、B 相为例）	两相 TV 的输入端交换（1U1D1 跟 1U1D2 内部线互换）	A、B 相的电压幅值/相位错误，不影响非故障相电压	根据幅值和相位确定故障相别，检查故障相端子号
	N 相接线错误	高压侧 N 相与中压侧 N 相的非极性交换（交换 1UD5 与 2UD5）	高、中压侧三相电压幅值/相位均异常	N 相回路异常，检查 TV 的 N 相端子
开入/开出回路	光耦电源公共端虚接	光耦电源公共端虚接（虚接 1QD3）	投入任一个功能压板时，对应的开入不变位，无变位报告，影响保护的功能试验	功能压板光耦电源消失，检查电缆、短接片、端子
	特定输入回路虚接	将特定功能压板回路端子虚接或挪至其他端子	投入该功能压板时，对应的压板不变位，无变位报告，影响保护的功能试验	功能压板回路断线，检查对应的压板及其相关回路
	功能压板输入不对应	不同功能的压板电缆交换接线	投入功能压板时，相应的压板不变位，而其他压板输入有变化，并影响保护的功能试验	检查对应的压板及其相关回路
	两个功能压板同时动作	两个功能压板下端短接（如短接 1QLP2-2 与 1QLP3-2 连线）	投入一个压板，两个开入同时变位（高后备投入与高电压投入同时变位）	检查同时变位的开入回路

续表

故障属性	故障类别	故障点设置	故障现象	排查方法
开入/开出回路	功能压板回路并联跳闸接点	将“保护跳闸”接点并接在“光耦电源+”与功能压板公共之间[如短接 1QD7（1n1225）与 1KD1（1C1LP1-1）]	跳高压侧时同时启动失灵	通过分析装置的变位报告，确定有无异常变位。检查光耦输入回路
	跳高压侧出口断线	跳高压侧出口断线［如虚接1CD1（1n1302）或虚接 1C1LP1-2（1n1301）或虚接 1KD1（1C1LP1-1）]	保护动作无法跳高压侧开关	检查跳闸回路
	操作电源失电	虚接第 1 组操作电源正［虚接4Q1D1（4n1）]	操作箱第 1 组电源灯灭，操作箱无法工作	检查操作箱电源
		虚接第 1 组操作电源负［虚接4Q1D37（4n30）]	操作箱第 1 组电源灯灭，操作箱无法工作	
	TJR 回路短接手跳	保护跳闸时启动手跳［短接4Q1D26（4n37）与 4QD12（4n38）]	保护三跳时跳闸灯不亮	检查跳闸回路
	TJR 与手合接反	TJR 跳启动合闸，开关跳不开[交换 1-4Q1D12（4n38）与 1-4Q1D22（4n34）]	模拟保护三跳，开关跳不开	检查跳闸回路
	信号复归虚接	信号复归正虚接（虚接 4Q1D3）	跳合闸信号灯无法复归	信号复归无正电源，检查端子

第四节 PCS-978 变压器保护实操案例及解析

一、PCS-978 变压器保护实操案例

（一）试验条件

（1）220kV 主变压器处于检修状态，PCS-978T2-G-JE 保护退出运行，进行定检校验。

（2）1 号变压器压器为 220kV 的三圈变压器，接线方式为 Yy△11，变压器容量为 120MVA，高、中、低压侧 TA 变比为 1200/5、2400/5、8000/5，差动电流启动值为 $0.4I_e$，差动速断定值为 $5I_e$。主变压器各侧开关均在分位。

（3）运行定值在 1 区，定值单见表单样例。

（4）试验仪仅提供三相电流输出；所有试验必须用手动菜单或状态序列或谐波菜单，手动设置完成。

（5）答题卡见表单样例。

（二）试验项目

1. 差动保护试验

变压器空载运行，高、低压侧均无电源，低压侧实际 TA 变比为 4000/5，与整定值 8000/5 不符。

（1）低压侧区外发生 AB 相间故障，最大相差流恰好落在比率差动保护低值区斜率为 0.5 的直线上。要求固定中压侧电流，调整低压侧电流找到比率差动临界动作值。

（2）在中压侧 B 相 TA 断线情况下，低压侧区外发生 AB 相间故障，差动速断保护动作。要求：

1）最大差流为差动速断定值的 0.95 时差动保护不动作。

2）最大差流为 1.05 倍差动速断定值时仅差动速断保护动作。

2. 高压侧复压方向过流保护试验，并传动各侧开关

主变压器高压侧出口处发生 BC 相间金属性短路，中压侧复压方向过流 I 段 1 时限跳中压侧，2 时限跳各侧，要求校验高压侧复压方向过流 I 段保护，并传动各侧开关。要求：

（1）校验高压侧复压方向过流 I 段电流定值。

（2）校验高压侧复压方向过流 I 段方向边界，误差小于 2°。

（3）测量高压侧复压方向过流 I 段 2 时限的动作时间。

二、技能操作评分表

技能操作评分表见表 2-10。

表 2-10　　技能操作评分表

考生号		台号			轮次		
操作时间	时　分～　时　分				累计用时	分	
竞赛题目	PCS-978T2-G-JE 主变压器保护装置试验						
操作要求	单独操作，注意安全，文明操作						
设备场地	设备：PCS-978T2-G-JE 主变压器保护装置				测试仪，测试线，工具箱		
评分标准	序号	项目	要求	分值	评分细则	得分	备注
	1	安全措施	安全措施报告的项目完整	8	交流回路、出口、失灵等安全措施		
	2	试验接线	试验仪接地	1	打开电源开关前试验仪接地		
			按图纸正确接线	1	电流接线正确　0.5 分		
					电压接线正确　0.5 分		
	3	校验项目 1	差动保护试验 变压器空载运行，高低压侧均无电源，低压侧实际 TA 变比为 4000/5，与整定值 8000/5 不符。 （1）低压侧区外发生 AB 相间故障，最大相差流恰好落在比率差动保护低值区斜率为 0.5 的直线上。要求固定中压侧电流，调整低压侧电流找到比率差动临界动作值。 （2）若在中压侧 B 相 TA 发生断线情况下，低压侧区外发生 AB 相间故障，差动速断保护动作。要求：	15	找到比率差动临界值（6 分） 参考答案以中压侧 A 相为 0° 中压侧电流： $I_a=0.5I_e$（0.596A）∠0°　0.5 分 $I_b=I_e$（1.192A）∠180°　2 分 $I_c=0.5I_e$（0.596A）∠0°　0.5 分 低压侧电流： $I_a=1.732I_e$（1.946A）∠180°　1.5 分 $I_b=1.732I_e$（1.946A）∠0°　1.5 分 $I_c=0I_e$∠0° 1.05 倍差速定值时，比率差动保护不动作（2 分） 差动速断保护动作（1 分） 1.05 倍差动速断值（3 分）		

续表

	序号	项目	要求	分值	评分细则	得分	备注
评分标准	3	校验项目 1	1）最大差流为差动速断定值的 0.95 时差动保护不动作。 2）最大差流为 1.05 倍差动速断定值时仅差动速断保护动作	15	中压侧电流： I_a=1.575I_e（1.878A）∠0° 0.5 分 I_b=0I_e∠X+180° 0.5 分 I_c=1.575I_e（1.878A）∠0° 0.5 分 低压侧电流： I_a=5.456I_e（6.14A）∠180° 0.5 分 I_b=5.456I_e（6.14A）∠0° 0.5 分 I_c=0I_e∠X+0° 0.5 分 差动速断值的 0.95（3 分） 中压侧电流： I_a=1.425I_e（1.698A）∠0° 0.5 分 I_b=0I_e∠180° 0.5 分 I_c=1.425I_e（1.698A）∠0° 0.5 分 低压侧电流： I_a=4.936I_e（5.548A）∠180° 0.5 分 I_b=4.936I_e（5.548A）∠0° 0.5 分 I_c=0I_e∠X+0° 0.5 分 值计算不正确，但中压侧加 AC 同相电流得 2 分，低压侧加 AB 反相电流得 2 分		
	4	校验项目 2	高压侧复压方向过流保护试验，并传动各侧开关。 主变压器高压侧出口处发生 BC 相间金属性短路，中压侧复压方向过流 I 段 1 时限跳中压侧，2 时限跳各侧，要求校验高压侧复压方向过流 I 段保护，并传动各侧开关。要求： （1）校验高压侧复压方向过流 I 段电流定值。 （2）校验高压侧复压方向过流 I 段方向边界，误差小于 2°。 （3）测量高压侧复压方向过流 I 段 2 时限的动作时间	15	投入高压侧后备和电压投入压板（1 分） BC 相电流反相（1 分） BC 相电压同相且等于 28.87V（1 分） 1.05×2.65=2.78 动作（1 分） 0.95×2.65=2.52 不动作（1 分） 方向边界 1（1 分） 方向边界 2（1 分） 以 A 相电压为基准（0°），复压过流 I 段方向动作区（指向母线）： $-75° \leqslant \phi_{IB} \leqslant 165°$（或 $105° \leqslant \phi_{IC} \leqslant 345°$）为动作区 1.2 倍定值测时间（1 分） 试验仪测 2 时限时间（2 分） 1 时限动作（1 分） 2 时限动作（1 分） 传动高压侧开关正确（1 分） 传动中压侧开关正确（1 分） 传动中压侧开关正确（1 分）		
	5	故障排查	故障点	分值	现象及评分细则	得分	备注
		故障点 1	交换 1I1D3（1n0405）与 1I1D7（1n0406）内部线，交换 1I1D1（1n0401）与 1I1D2（1n0403）内部线	7	高压侧 C 相电流反相，AB 相序错 发现现象 3 分 向裁判提出并更正 4 分		
		故障点 2	“工频变化量差动”控制字置 1	7	二次额定电流和平衡系数的乘积小于 0.4I_n，工频变化量差动保护功能投入后导致装置闭锁 发现现象 3 分 向裁判提出并更正 4 分		

续表

	序号	故障排查	故障点	分值	现象及评分细则	得分	备注
评分标准	5	故障点3	短接 1QLP2-2（1n1210）与1QLP3-2（1n1205）压板下端头	7	高压侧后备投入与高压侧电压投入同时变位		
					发现现象 3分 向裁判提出并更正 4分		
		故障点4	短接 1QD7（1n1225）1KD1（1C1LP1-1）端子外侧，细丝放入标号下面	7	跳高压侧时启动失灵联跳，失灵联跳动作，先于2时限跳各侧		
					发现现象 3分 向裁判提出并更正 4分		
		故障点5	交换 1-4Q1D12（1-4n38）与1-4Q1D26（1-4n37）内部线	7	TJR 与手跳回路交换 ，手跳后跳闸灯亮，TJR 动作跳闸灯不亮		
					发现现象 3分 向裁判提出并更正 4分		
		故障点6	虚接 1-4Q1D22（1-4n34）和虚接 1-4Q1D24（1-4n23）内部线	7	同时虚接高压侧两个合闸输入端，手合继电器不工作。仅恢复1点得2分		
					发现现象 3分 向裁判提出并更正 4分		
		故障点7	交换 1KD1（1C1LP1-1）与1KD5（1C2LP2-1）	8	跳高压侧与跳中压侧出口交换，由于用同一直流电源，可以仅换一端。1时限跳错开关		
					发现现象 3分 向裁判提出并更正 5分		
	6	试验报告	编写试验报告	8	计算数据结果 3分 故障现象和故障点 5分 每个故障点和现象给 0.5分		
	7	恢复现场	恢复接线及安全措施	2	拆除试验接线、恢复安全措施 2分		
裁判签字：				年　月　日		总得分：	

三、具体试验步骤及故障分析排查步骤

（一）执行安全措施

按主变压器断路器处于冷备用状态要求做好安全隔离措施，继电保护测试仪电源及试验电源应取自试验电源屏，继电保护测试仪外壳应接地。

（二）定值核对检查

1. 试验方法

通过现象和逐项比对的方法进行以下检查：

（1）针对性检查，检查面板指示灯以及液晶报文，查看是否有定值整定错误闭锁保护或发出异常指示的现象。

（2）普查，通过核对定值单，逐项比对检查是否有整定错误的问题。

2. 试验现象及分析排查

装置“运行”灯灭，报“DSP 出错”“装置闭锁”“定值出错”。由于“定值出错”造成主变压器保护装置“运行”灯灭，应检查核对定值。

检查发现保护装置误投入工频变化量差动保护控制字。为保证精度，任意侧二次额定电流和平衡系数的乘积小于 $0.4I_n$ 时，工频变化量差动保护不能投入，否则装置将报定值出错。定值单未要求投入该保护按照定值单所给定值修改即可。

（三）模拟量检查

1. 试验方法

按图 2-34 将继电保护测试仪与保护屏端子排连接，依次通入高压侧、中压侧、低压侧电流电压。

三相电压采样值为 U_A=10∠0°V、U_B=20V∠240°V、U_C=30.00∠120°V。

三相电流采样值为 I_A=1∠0°A、I_B=2∠240°A、I_C=3∠120°A。

2. 试验现象

（1）三相电压采样幅值及相位均正确。

（2）自产零序电流幅值为 4.4A。

（3）A、B、C 三相电流幅值及相位均不正确，A 相采样电流 I_a=2A、I_b=1A、I_c=3A。

3. 分析排查

（1）三相电压采样值正确，可知电压回路正常。

（2）自产零序电流异常，判断电流中性点有问题，排查发现 1I1D3（1n0405）与 1I1D7（1n0406）内部线接反。

（3）上一步中故障排除后再次加量，发现 I_a 与 I_b 电流幅值及相位为 I_a=10A、I_b=5A，判断 A、B 两相电流接反，排查发现 1I1D1（1n0401）与 1I1D2（1n0403）内部线接反。

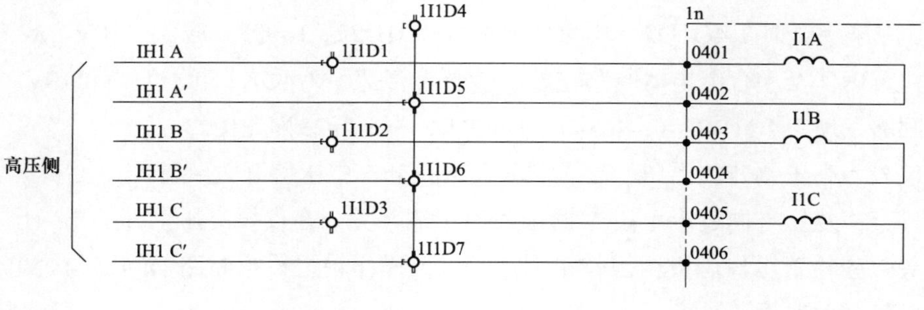

图 2-34 高压侧电流回路图

（四）开入量检查

1. 试验方法

进入装置菜单查看开入量状态，压板、开关跳闸位置、复归、打印等开入应与实际情况相同。

2. 试验现象及分析排查

开入检查时，打印、复归等开入正常，高压侧后备投入与高压侧电压投入同时变位。

在仅投入一个压板的时候同时两个开入变位，在该压板下端可能与另一个压板下端短接。检查压板回路发现 1QLP2-2（1n1210）与 1QLP3-2（1n1205）压板下端头短接，如图 2-35 所示。

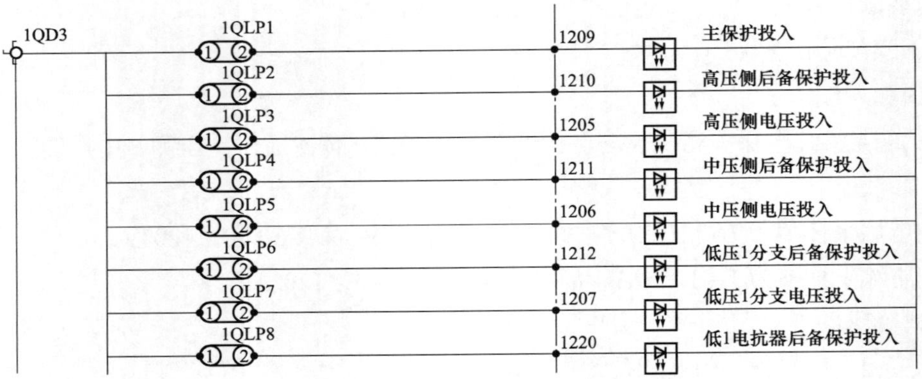

图 2-35　保护装置开入回路图

（五）开出传动及整组传动

1. 试验方法

在盘内试验正常的情况下投入高压侧后备保护压板、三侧出口压板、校验高压侧复压方向过流 I 段保护定值、带模拟断路器进行整组试验。

2. 故障现象及分析排查

（1）无法手合高压侧开关。

分析排查：旋转手合把手而无法完成合闸，这是由于回路中某点断开，导致合闸回路不完整导致。在未手合时 1-4Q1D24、1-4Q1D23、1-4Q1D22、1-4QK2 应为−110V，从 1-4Q1D24 开始依次检查确认至手合继电器回路完整。检查手合把手 1-4QK1 端子应为+110V。

检查回路发现 1-4Q1D22（1-4n34）、1-4Q1D24（1-4n23）虚接。

（2）仅投入高压侧开关出口，高压侧开关未跳开，中压侧开关跳开。

分析排查：复压方向过流 I 段 1 时限跳高压侧开关，在仅投高压侧开关出口压板时误跳中压侧开关，应检查出口压板至操作箱回路，以及操作箱至模拟断路器回路是否出现高压侧开关和中压侧开关对调。

检查保护出口回路发现 1KD1（1C1LP1-1）与 1KD5（1C2LP2-1）端子对调。

（3）保护动作跳高压侧开关，开关跳开，但操作箱跳闸显示红灯未点亮。

分析排查：开关跳开但是跳闸显示红灯未点亮，通常为两个原因。第一是否为操作箱复归按钮长期短接导致灯无法点亮。第二是否为接入为手跳继电器导致红灯未点亮。应分别检查操作箱复归回路和跳闸出口回路。

检查发现 1-4Q1D12（1-4n38）与 1-4Q1D26（1-4n37）内部线交换。

（4）保护动作跳中压侧时间错误。

分析排查：在未投入高压侧出口压板时，保护动作中压侧及低压侧时间正确，在出口压板投入后时间错误，同时发高压侧失灵联跳动作，应检查是否在逻辑过程中有异常开入导致保护动作时间发送变化。

检查发现检查跳开入变位报告，发现有启动高压侧失灵联跳开入。检查失灵联调开入回路发现 1QD7（1n1225）与 1KD1（1C1LP1-1）短接。

（六）检验结束恢复安全措施

拆除试验接线，关闭试验设备电源，将安全措施和保护装置等设备恢复至开工前原始状态，确认各信号均正常，打印、核对定值。

四、考试须知及表单样例

（一）实操考试须知

1. 考场条件

（1）安全措施编写场地。

1）屏柜图纸和安全措施试卷。

2）草稿纸、笔。

（2）实操考试场地。

1）博电和昂立试验仪各一台（选手自选）、工具箱（含试验线、螺丝刀、万用表、试验插针、试验夹等）。

2）说明书、图纸。

3）直流电源系统不接地。

4）计算器（具备三角函数计算功能）、黑笔、A4 纸、打印纸。

2. 注意事项

（1）安全措施编写。

1）考试时间为 15min。

2）根据图纸编写二次措施票，简单写清要点即可。

（2）实操考试。

1）考试时间为 40min，包含审题；考试中不用佩戴安全帽。

2）母线保护屏各含 10 个故障点。

3）屏外的二次回路不设置故障点，模拟断路器不设置故障点，保护装置内部不设置故障点，非电量保护装置和电压切换装置非考试范围。

4）考生应先向裁判描述故障现象，再去排查；若发现故障点，应先向裁判汇报，再排除故障，若未根据故障现象排除故障不得分。

5）选手示意准备完毕后，由裁判长宣布统一实操考试开始。

6）实操考试前，选手将安全措施答卷交给裁判，无须在屏柜做安全措施。

7）若想修改定值或改动屏柜接线，应先向裁判汇报。

8）允许选手放弃故障点，最多可放弃 3 个故障点。

9）每个试验项目的顺序可自行安排，试验前向裁判说明。

10）每步试验完成后，应向裁判申请，裁判确认后再进行下一步试验。

11）编写试验报告，要求记录试验项目的计算数据结果、故障点和故障现象。

12）草稿纸不允许带出试验场地。

13）试验完成后，应恢复试验现场（含压板、试验线、继电保护测试仪）。

14）考试时间终止后应停止所有操作。

（二）主变压器保护定检作业二次工作安全措施票

要求：220kV 主变压器各侧均处于检修状态，进行保护定检工作，请根据图纸编写二次措施票，简单写清要点即可，考试时间 15min，二次工作安全措施票见表 2-11。

表 2-11　　二次工作安全措施票

单位：__________　　编号：__________
审核：__________　　批准：__________

被试设备及保护名称					
工作负责人		工作时间		签发人	
工作内容：					
工作条件：					
安全措施：包括应打开及恢复连接片、直流线、交流线、信号线、相应压板等，按工作顺序填用安全措施。工作中应使用绝缘工器具，测量相应回路时应注意万用表的挡位正确，严禁使用电阻挡测量回路电压、电流					

序号	执行	安全措施内容 具体措施	恢复
1			
2			
3			
4			
5			
6			
7			
8			
9			
10			

执行人：__________　监护人：__________　恢复人：__________　监护人：__________

（三）主变压器保护实操答题卡

1. 试验数据记录

试验数据记录表见表 2-12。

表 2-12　　试验数据记录表

项目	相别	中压测电流	低压侧电流
项目 1-1	A 相	∠	∠
	B 相	∠	∠
	C 相	∠	∠
项目 1-2	A 相	∠	∠
	B 相	∠	∠
	C 相	∠	∠
项目 1-3	A 相	∠	∠
	B 相	∠	∠
	C 相	∠	∠
项目 2	相别	高压侧电压	高压侧电流
项目 2-1	A 相	∠	∠
	B 相	∠	∠
	C 相	∠	∠
项目 2-2	高压侧 B 相电流相位区间		
项目 2-3	试验仪测量时间		

2. 故障点记录

故障点记录见表 2-13。

表 2-13　　故障点记录表

序号	现　　象	故　障　点
1		
2		
3		

第三章 母 线 保 护

第一节 保 护 原 理

一、差动保护原理

母线差动保护可以区分母线内和母线外的短路故障，其保护范围是参加差动电流计算的各 TA 所包围的范围。

根据基尔霍夫电流定律，母线在正常运行及外部故障时，流入母线的电流等于流出母线的电流，理想状态下各电流的相量和等于零。当母线上发生故障时，各连接单元的电流都流入母线，各电流的相量和很大。母线差动保护的差动电流就是反映了各连接单元电流的相量和，所以母线保护可以区分母线内和母线外的短路故障。

微机型母差保护由母线大差差动保护和各段母线的小差差动保护构成，大差差动保护由除母联断路器和分段断路器以外的母线所有其余支路的电流相量和构成，其作用可以区分母线内还是母线外部短路，但是不能进行故障母线的选择。小差差动保护由该母线相连的各支路电流相量和构成，包括与该母线相连的母联断路器和分段断路器支路电流，其作用是进行故障母线的选择。

目前常用的微机型母线保护差动元件有常规比率差动元件、工频变化量比率差动元件、复式比率差动元件。以上几种差动元件差动电流计算方式相同，都为各连接元件电流的相量和，具体差异为制动电流的计算方式，故区外故障及区内故障时制动能力和动作灵敏度存在差异。其中，复式比率差动判据在制动量电流中引入差电流，使其在区外故障时具有很强的制动特性，而在母线区内故障时又无制动作用，因此能更明确区分区内还是区外故障。

母线作为电力系统重要元件，母线保护动作后影响范围大，为防止误动，通常采用复合电压闭锁元件（相低电压元件、负序电压、零序过电压元件组成逻辑“或”）。此外，为了适应不同的运行方式，保证在母线分列运行时大差元件具有足够的灵敏度，大差元件比率制动系数通常会自动调整，在分列运行时自动减小大差元件的比率制动系数。

二、断路器失灵保护原理

当电气元件故障，相应电气元件保护动作并发出跳令，但断路器拒绝动作，此时称为断路器失灵。

在故障元件的继电保护装置动作而其断路器拒绝动作时，断路器失灵保护能以较短的时限切除与失灵断路器相邻的其他断路器，以便尽快地将停电范围限制到最小。在 3/2 接线方式中，每个断路器失灵保护跳闸对象不一样，故失灵保护按断路器单独设置，通常把断路器失灵保护和重合闸装置做在单独的一个装置内，每一个断路器配置一套该装置。对于双母线和单母线接线中，由于断路器失灵保护的动作对象是跳失灵断路器所在母线上所有断路器，与母线保护有相同的跳闸对象，故将断路器失灵保护集成在母线保护中，即配置双套含失灵保护功能的母线保护，每套线路保护及变压器保护各启动一套失灵保护。

工程应用中双母线和单母线断路器失灵保护失灵起动元件线路支路采用相电流、零序电流（或负序电流）“与门”逻辑；变压器支路采用相电流、零序电流、负序电流“或门”逻辑。所有支路共用“失灵零序电流定值”“失灵负序电流定值”。母线保护中断路器失灵保护经复合电压闭锁，但是为解决变压器或发变组断路器失灵保护电压灵敏度不足问题，对于变压器或发变组支路，设置“主变压器失灵解闭锁”的开入，当该支路“主变压器失灵解闭锁”条件满足时，解除该支路失灵保护电压闭锁，保证失灵保护可靠动作。

三、母联失灵保护原理

保护动作跳母联断路器，如果母联断路器失灵而拒跳，为保证发生上述现象时保护能够动作将两条母线连接元件都跳开，设置母联失灵保护。

母联失灵保护与合位死区保护区别为母联失灵保护是收到过母联跳令但断路器拒跳，并且保护不返回。母联合位死区是收到跳令且母联断路器跳开，并且保护不返回。母联失灵保护可经母线保护（母差保护、充电过流保护等）动作启动失灵或者经外部其他保护动作启动失灵，其原理为：母差保护动作向母联发跳令后，或者母联过流保护动作向母联发跳令后，母联失灵过流元件持续动作，经整定的母联失灵延时，则母联失灵保护应经母线差动复合电压闭锁后切除相关母线各支路；或当装置检测到“母联三相启动失灵开入”后，经整定延时母联电流仍然大于母联失灵电流定值时，母联失灵保护分别经相应母线电压闭锁后经母联分段失灵时间切除相应母线上各支路。

四、母联死区保护原理

对于双母线或单母线分段的母差保护，当故障发生在母联断路器与母联 TA 之间或分段断路器与分段 TA 之间时，如果不采取措施断路器侧的母差保护要误动，而 TA 侧的母差保护要拒动。通常将母联断路器与母联 TA 之间或分段断路器与分段 TA 之间的这一段范围称作死区。

若母联开关和母联 TA 之间发生故障，断路器侧母线跳开后故障仍然存在，正好处于 TA 侧母线小差的死区，为提高保护动作速度，母线保护中设置母联死区保护，母联死区保护中包括母联合位死区和分位死区。

母联合位死区保护原理，即保护发母联跳令后，母联开关已跳开而母联 TA 仍有电流，且大差比率差动元件不返回，经死区动作延时（150ms ）将母联电流退出小差，由差动保护切除死区故障。母联分位死区保护原理，即为防止母联在跳位时发生死区故障将母线全切除，当保护未启动，当两母线处运行状态、母联分列运行压板投入且母联在跳位时母联电流不计入小差，由差动保护直接切除故障母线。

五、母联充电至死区保护原理

当用母联开关进行充电时，若母联充电至死区故障，因为没有故障电流流过母联 TA，无法启动充电保护来闭锁母差保护并切除母联开关，差动保护将切除运行母线，为防止上述现象发生，设置母联充电于死区故障保护。

母联充电于死区故障保护通过采集母联开关的手合开入，TWJ 开入，母联电流、大差电流等状态自动识别母联（分段）充电于死区故障，其原理为，正常运行状态下，母差进行充电预备状态监测；差动启动时，检测到 TWJ 为 1（或返回小于 1000ms），且手合接点有效（0→1 后展宽 1000ms），则闭锁母线差动保护，并启动充电至死区保护；充电至死区保护一旦启动后，展宽 300ms，展宽结束后，或者手合接点有效、母联无流的两者中任一条件不满足，充电至死区保护退出，同时开放母线差动保护出口。充电至死区保护投入期间，若大差判据满足则出口跳母联。

六、母线充电过流保护原理

在某些运行方式下，需要通过母联断路器由一条母线向另外一条母线充电或经某一母线带一条输电线路运行（即母联代路）时，就需要投入母联充电过流保护作为临时性保护，当被充电元件有故障时由母联充电过流保护跳开母联断路器切除故障。母联充电过流保护通常由相电流元件、零序电流元件及延时元件构成。

第二节　BP-2C 保护逻辑校验

一、交流回路校验

交流回路校验的目的是检验屏内的交流回路接线是否正确、装置的采样精度是否满足要求，通过在屏内背面端子排交流端子上，分别通入交流电压、交流电流，检查装置的各 CPU 的采样和极性。在进行交流回路校验时需退出屏上所有压板。

（一）零漂检查

试验方法：进行零漂检查时不需要向保护装置加入交流模拟量。测试交流电流回路的零漂时，对应的电流回路处于开路状态；测试交流电压回路的零漂时，对应的电压回路处于短路状态。

合格判据：要求在几分钟内测得零漂稳定在 $0.01I_N$ 或 0.05V 以内。

（二）模拟量检查

以母联为例，继电保护测试仪和继电保护屏柜试验连线如图 3-1 所示。

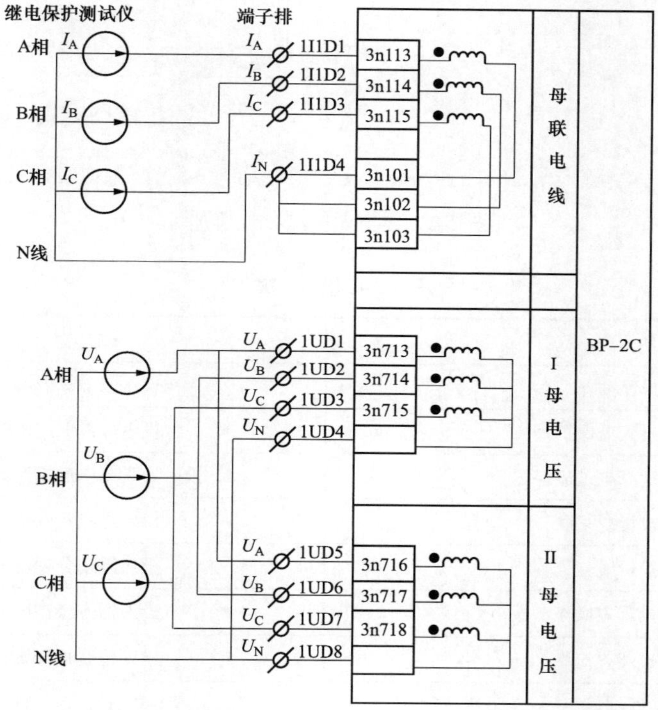

图 3-1 继电保护测试仪和继电保护屏柜试验连线

试验方法：用继电保护测试仪的手动试验，向保护装置通入对称正序的三相电流和电压，电流分别加 0.1、0.5、1、2A，电压分别加 10、30、50、60V，然后再通一次三相幅值不对称的电流电压，加量如图 3-2 所示。

合格判据：分别进入“模拟量”菜单“保护测量”“启动测量”子菜单，液晶显示屏上显示的采样值应与继电保护测试仪所加数值误差不大于±5%，相位差不大于±3°。

二、开关量输入检查

开关量输入检查的目的是检查压板和开入回路连线是否正确，用投/退屏内压板、模拟开入的方式对功能压板状态、模拟盘隔离开关位置、失灵开入、开关位置等开入进行检查。

不同的屏柜端子号定义不同，需要按图纸做开入试验，开入试验项目见表 3-1。

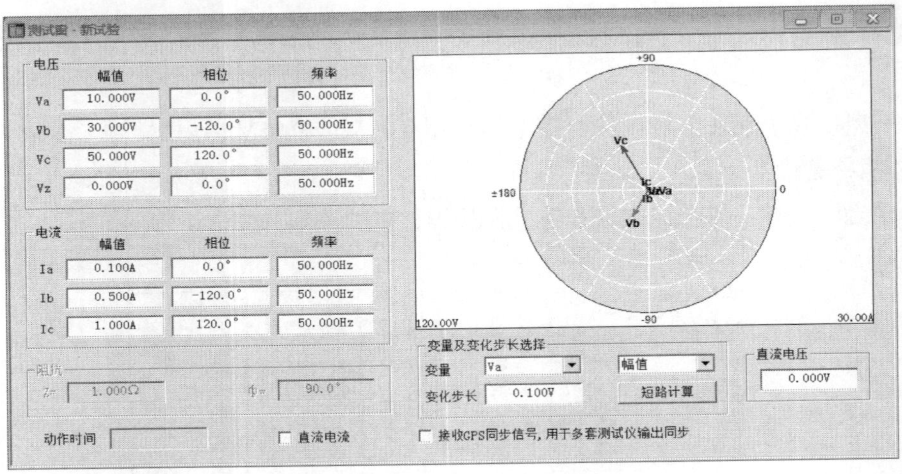

图 3-2　继电保护测试仪所加量

表 3-1　　　　开关量输入检查

名　　称	试　验　方　法
投差动保护	投入差动保护压板 1KLP1
投失灵保护	投入失灵保护压板 1KLP2
投母联充电过流保护	投入母联充电过流保护压板 1KLP3
投母线互联	投入母线互联压板 1KLP5
投母线分列	投入母线分列压板 1KLP6
投远方操作	投入远方操作压板 1KLP7
投装置检修	投入装置检修压板 1KLP8
外部复归	可长按屏上复归按钮（短接 1QD3 和 1QD19）
L1 开关 TWJ	短接 1QD3 和 1QD12
L1 开关手合接点	短接 1QD3 和 1QD15

三、整组试验

（一）试验前准备

1．试验接线

以母联、支路 2 运行在 I 母，支路 3 运行在 II 母为例，继电保护测试仪和继电保护屏柜间的试验连线如图 3-3 所示。

2．运行方式设定

将模拟盘上的支路 2 强制接通 I 母，支路 3 强制接通 II 母，并通过隔离开关位置确认按钮复归隔离开关异常告警信号。

3．试验参数及定值整定

装置基本参数定值、母线保护定值见表 3-2 和表 3-3。

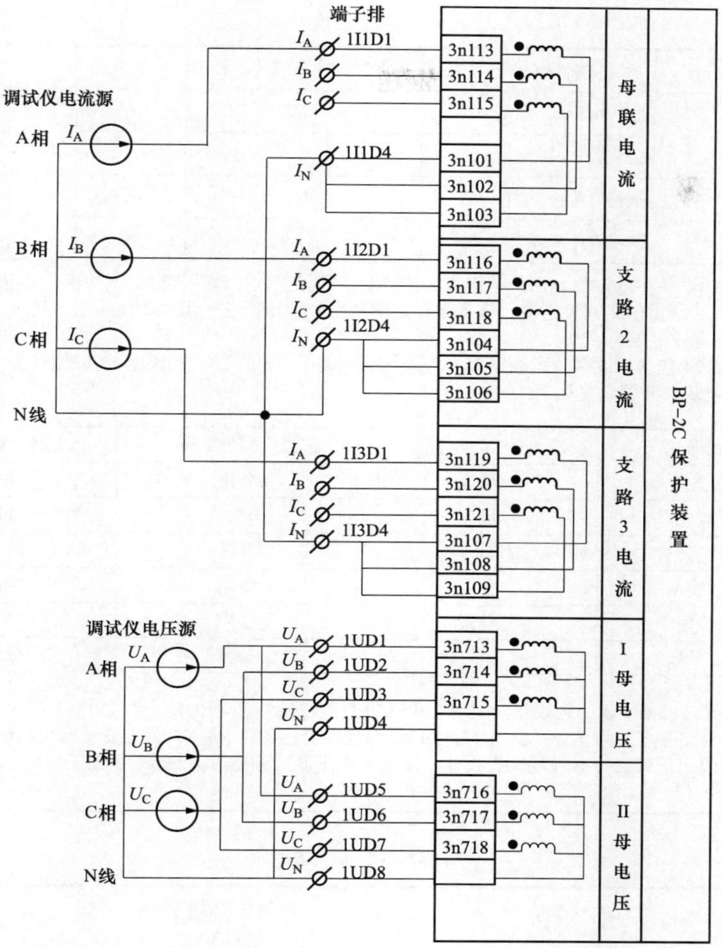

图 3-3 继电保护测试仪和继电保护屏柜试验连线

表 3-2 装置基本参数定值

类别	序号	参数名称	整定值	单位	整定值
基本参数	1	定值区号	1	无	
	2	被保护设备	满足 8 个汉字长度	无	
TV	3	TV 一次额定值	220	kV	
TA	4	支路 1 TA 一次值	800	A	
	5	支路 1 TA 二次值	5	A	
	6	支路 2 TA 一次值	800	A	
	7	支路 2 TA 二次值	5	A	
	8	支路 3 TA 一次值	800	A	
	9	支路 3 TA 二次值	5	A	
	10	⋮			

续表

类别	序号	参数名称	整定值	单位	整定值
TA	11	支路 24TA 一次值	800	A	
	12	支路 24TA 二次值	5	A	
	13	基准 TA 一次值	800	A	
	14	基准 TA 二次值	5	A	

注 1：装置定值包括设备参数定值、保护定值、保护控制字和保护软压板四部分。其中保护定值和保护控制字分区存储，可在 1～8 区定值之间可切换；设备参数定值和保护软压板仅一组，不随定值区切换。

注 2：TV 二次侧额定线电压为 100V。

注 3：支路 1～支路 24 包含母联和分段断路器。一般定义支路 1、支路 23、支路 24 为联络开关间隔。常见主接线及联络开关定义如下：

主接线形式	L1（联络 1）	L23（联络 2）	L24（联络 3）
双母线	母联	备用	备用
双母双分	母联	分段 1	分段 2
双母单分	母联 1	分段	母联 2
单母线	备用	备用	备用
单母分段	分段	备用	备用
单母三分段	分段 1	备用	分段 2

主接线出厂前已根据现场工程设计，现场主接线更改需联系厂家更改出厂设置。

注 4：一般地，主变支路定义为 L2、L3、L14、L15，对应主变压器 1～4；具备主变压器失灵解闭锁及跳三侧功能。主变压器间隔出厂前已根据现场工程设计，现场主变压器间隔更改需联系厂家处理。

注 5：备用支路需将 TA 一次值整定为 0。

表 3-3　　母线保护定值

类别	序号	描述	定值范围/级差（I_N=5A）	单位	备注
基础型号功能					
差动保护	1	差动保护启动电流定值	2	A	
	2	TA 断线告警定值	4	A	
	3	TA 断线闭锁定值	5	A	
	4	母联分段失灵电流定值	3	A	
	5	母联分段失灵时间	0.5	s	
失灵保护	6	低电压闭锁定值	45	V	相电压
	7	零序电压闭锁定值	6	V	3 U_0
	8	负序电压闭锁定值	4	V	U_2
	9	三相失灵相电流定值	1	A	
	10	失灵零序电流定值	1	A	$3I_0$
	11	失灵负序电流定值	1.2	A	I_2
	12	失灵保护 1 时限	0.2	s	
	13	失灵保护 2 时限	0.4	s	

续表

类别	序号	描述	定值范围/级差（I_N=5A）	单位	备注
选 配 功 能					
母联（分段）充电过流保护	14	充电过流Ⅰ段电流定值	4	A	
	15	充电过流Ⅰ段时间	1	s	
	16	充电过流Ⅱ段电流定值	2	A	
	17	充电零序过流电流定值	1	A	$3I_0$
	18	充电过流Ⅱ段时间	2	s	
非全相保护	19	非全相零序电流定值	（0.04～20）I_N/0.01	A	$3I_0$
	20	非全相负序电流定值	（0.04～20）I_N/0.01	A	I_2
	21	非全相保护时间	0.01～10/0.01	s	

（二）复式比率差动保护

1. 试验原理

复式比率差动判据的动作方程为

$$\begin{cases} I_d > I_{dset} \\ I_d > K_r(I_r - I_d) \end{cases} \tag{3-1}$$

式中 I_{dset}——差动保护启动电流定值；

K_r——复式比率系数（制动系数）定值；

$I_r = \sum_{j=1}^{m}|I_j|$——和电流，指母线上所有连接支路电流的绝对值之和；

$I_d = \left|\sum_{j=1}^{m} I_j\right|$——差电流，指所有连接支路电流和的绝对值，$I_j$ 为母线上第 j 个连接支路的电流。

复式比率差动元件动作特性如图 3-4 所示。

复式比率差动判据相对于传统的比率制动判据，由于在制动量的计算中引入了差电流，使其在母线区外故障时有极强的制动特性，在母线区内故障时无制动，因此能更明确地区分区外故障和区内故障。启动元件分相动作，分相返回。

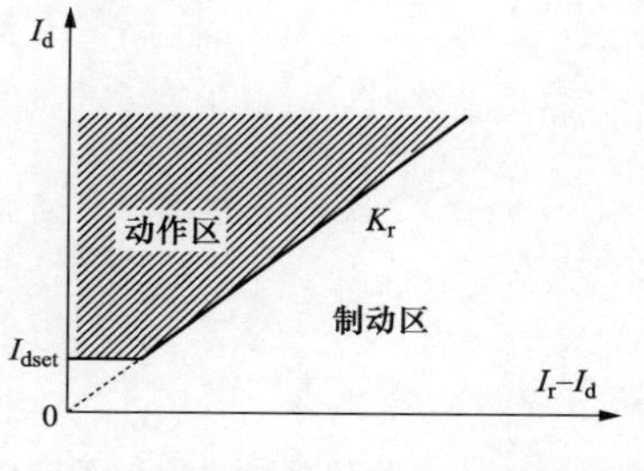

图 3-4 复式比率差动元件动作特性

考虑到分段母线分列运行的情况下发生区内故障，非故障母线段有电流流出母线，影响大差比率元件的灵敏度，大差比率差动元件的比率制动系数可以自动调整。母联“分列软压板”和 TWJ 开入均为 0 时，大差比率制动系数与小差比率制动系数相同，均使用比率制动系数高值；当母联“分列软压板”和 TWJ 开入任一为 1 时，大差比率差动元件自动转用比率制动系数低值，小差比率制动系数不变，仍采用高值。按标准化设计规范要求，比率制动系数是内部固化（高值 0.5、低值 0.3），不需整定。

以双母线双分段接线图 3-5 所示为例，BP-2C 装置默认母联的 TA 极性同Ⅱ母上的支路，分段 1 和分段 2 的 TA 极性同各支路 TA 的极性。

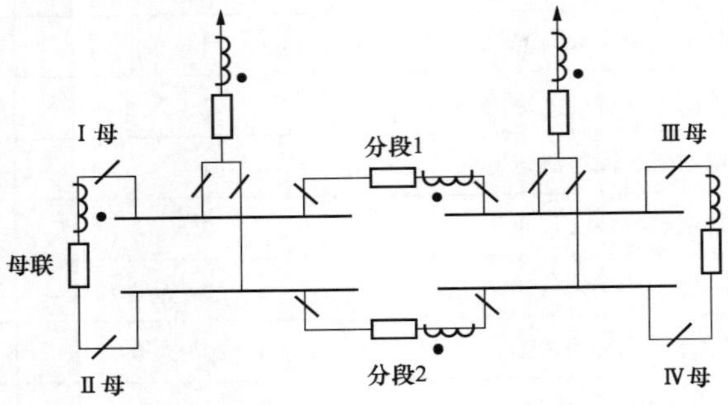

图 3-5　双母线双分段接线

由于双母线双分段接线支路数较多，BP-2CA-G 微机母线保护装置一般考虑用两套装置配合实现各段母线的保护。一套装置保护分段开关左侧的两段母线；另一套装置保护分段开关右侧的两段母线；两套装置的保护范围在分段开关处交叠。在差动逻辑中，将分段看作该段母线上的一个支路。

2. 试验条件

投差动保护硬压板、差动保护软压板，差动保护控制字置 1，不加电压（复压开放），可适当提高 TA 断线闭锁定值，模拟支路 2 运行在Ⅰ母，支路 3 运行在Ⅱ母，母线区内外故障时电流方向如图 3-6 所示。

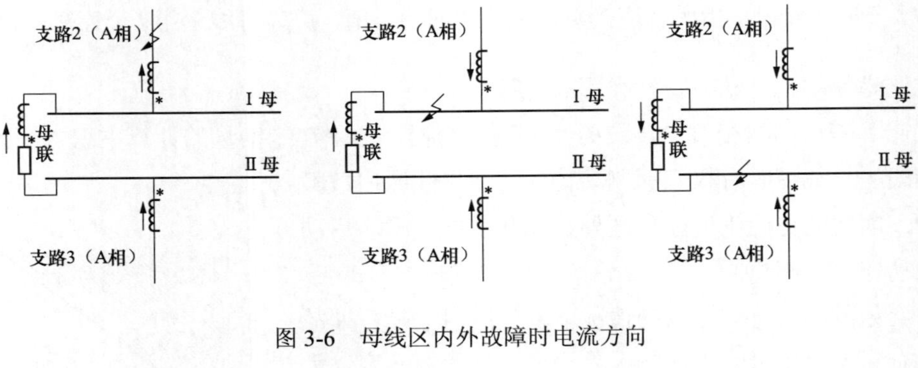

图 3-6　母线区内外故障时电流方向

3. 试验步骤

（1）正常状态或母线区外故障试验。分别在母联、支路 2 和支路 3 的 A 相上加 2∠180°A、2∠180°A、2∠0° A 的电流，此时保护装置大小差流均为 0，母线差动保护不应动作，查看面板显示中大差电流、小差电流应小于 $0.05I_n$ 或 5%所加量，加量如图 3-7 所示。

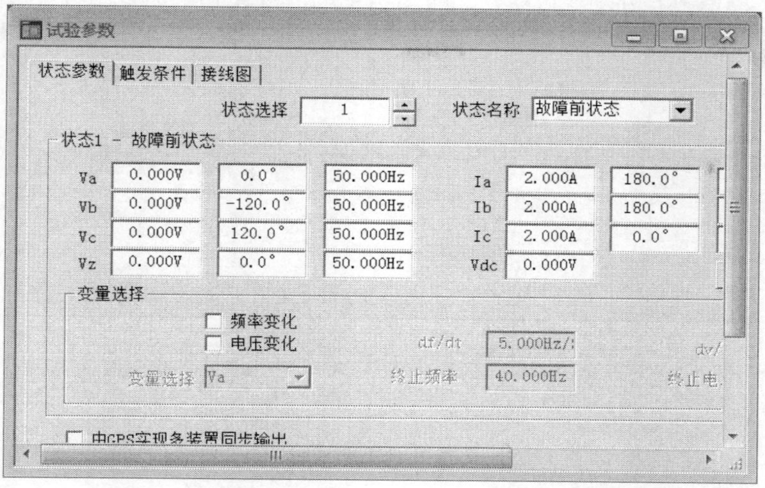

图 3-7 正常状态或母线区外故障加量

（2）Ⅰ母区内故障。分别在母联、支路 2 和支路 3 的 A 相上加 2∠180° A、2∠0° A、2∠0° A 的电流，此时保护装置大差差流和Ⅰ母小差差流相等，Ⅱ母差流为 0，差动保护动作跳母联和Ⅰ母上所有支路，加量及动作报告如图 3-8 所示。

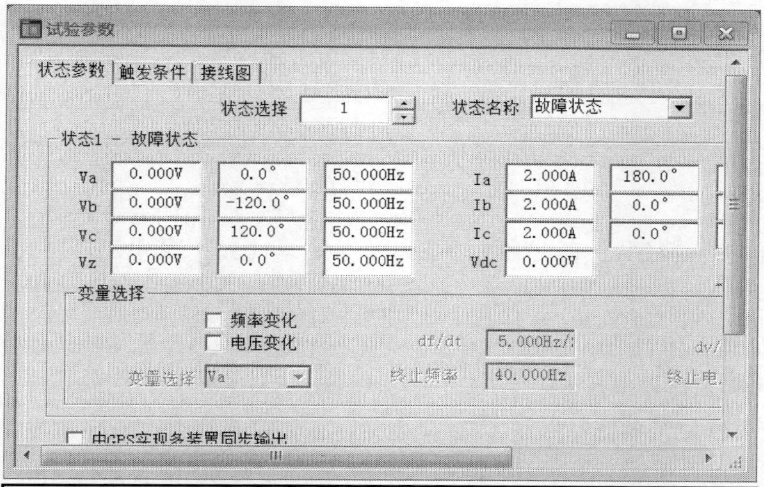

2019-07-11 15:06:16:429ms	
故障序号：51591	
BP-2C 母线保护	启动 相别：A
*00005ms Ⅰ母差动动作	
I_{da}	002.34A
I_{db}	000.02A
I_{dc}	000.02A

图 3-8 Ⅰ母区内故障试验加量及动作报告

（3）Ⅱ母区内故障。分别在母联、支路 2 和支路 3 的 A 相上加 2∠0°A、2∠0°A、2∠0° A 的电流，此时保护装置大差差流和Ⅱ母小差差流相等，Ⅰ母差流为 0，差动保护动作跳母联和Ⅱ母上所有支路，加量及动作报告如图 3-9 所示。

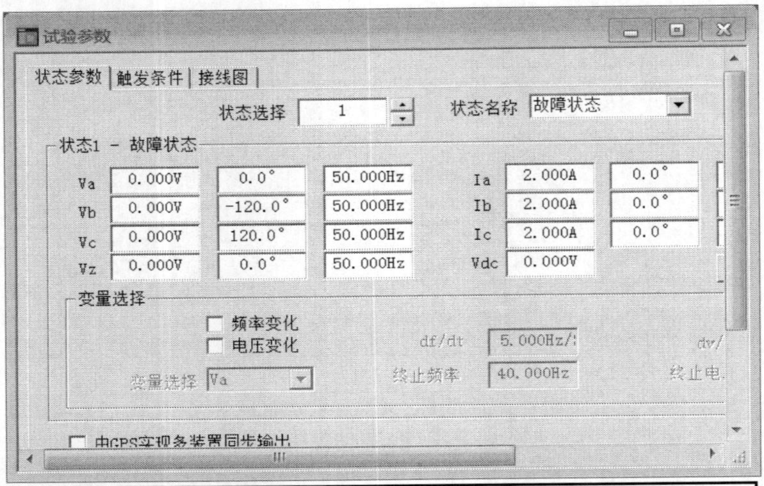

2019-07-11 15:09:55:456ms	
故障序号：51592	
BP-2C 母线保护	启动 相别：A
*00005ms Ⅱ母差动动作	
I_{da}	002.36A
I_{db}	000.01A
I_{dc}	000.01A

图 3-9　Ⅱ母区内故障试验加量及动作报告

（4）差动起动定值校验。在支路 2 的 A 相上加 $I_{\phi}=1.05I_{cdqd}$ 的电流，复式比率差动保护跳母联和Ⅰ母，在支路 2 的 A 相上加 $I_{\phi}=0.95I_{cdqd}$ 的电流，复式比率差动保护可靠不动作，加量及动作报告如图 3-10 所示。

（5）大差比率系数高值校验。

1）模拟母联开关在合位（母联 TWJ 接点无开入，且母联分列软压板退出）。

2）模拟支路 2、支路 4 运行在Ⅰ母，分别在 A 相加入 4∠0° A、4∠180° A 的电流。

3）模拟支路 3 运行在Ⅱ母，在 A 相加入电流 2∠0°A，并逐渐调大电流，使Ⅱ母线差动动作。

4）记录所加电流（约 4.1A），验证大差比率系数高值（0.5）。

（6）大差比率系数低值校验。

1）模拟母联开关在分位（母联 TWJ 接点有开入，或母联分列软压板投入）。

2）模拟支路 2、支路 4 运行在Ⅰ母，分别在 A 相加入 4∠0° A、4∠180° A 的电流。

3）模拟支路 3 运行在Ⅱ母，在 A 相加入电流 2∠0°A，并逐渐调大电流，使Ⅱ母线差动动作。

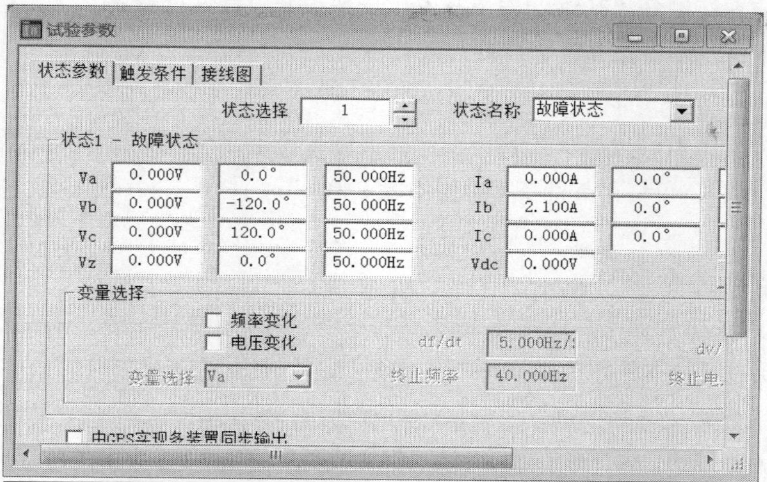

2019-07-11 15:32:35:682ms	
故障序号：51596	
BP-2C 母线保护	启动 相别：A
*00019ms Ⅰ母差动动作	
I_{da}	002.06A
I_{db}	000.00A
I_{dc}	000.01A

图 3-10 复式比率差动起动定值试验加量及动作报告

4）记录所加电流（约 2.45A），验证大差比率系数低值（0.3）。

（7）小差比率系数校验。

1）模拟支路 2、支路 4 运行在Ⅰ母，分别在 A 相加入 4∠0°A、4∠180°A 的电流。

2）固定支路 2 电流 8∠0°A，并逐渐调大支路 4 电流，使Ⅰ母差差动动作。

3）记录所加电流（约 8.1A），验证小差比率系数（0.5）。

（三）断路器失灵保护

1. 试验原理

为提高保护的灵敏度，断路器失灵保护经相应母线的失灵复合电压元件闭锁。为解决变压器或发变组断路器失灵保护电压灵敏度不足问题，对于变压器或发变组支路，设置“主变压器失灵解闭锁”的开入。当该支路“主变压器失灵解闭锁”条件满足时，解除该支路失灵保护电压闭锁，保证失灵保护可靠动作。对于部分地区母线保护的线路支路也需要解除失灵保护电压闭锁的情况，增加各线路支路共用的“线路失灵解除复压闭锁”开入。保护装置检测到“失灵解闭锁”长期误开入，发“运行异常”告警信号。

线路支路采用相电流、零序电流（或负序电流）“与门”逻辑；变压器支路采用相电流、零序电流、负序电流“或门”逻辑。所有支路共用“失灵零序电流定值”“失灵负序电流定值”。

线路支路应设置分相和三相跳闸启动失灵开入回路，变压器支路应设置三相跳闸启动失灵开入回路。保护装置检测到“断路器失灵开入”长期误开入，发“异常”告警信号，同时闭锁该失灵开入，不影响本支路其他失灵开入及其他支路失灵开入。

2. 试验条件

投失灵保护硬压板、失灵保护软压板，失灵保护控制字置 1，退出差动保护硬压板，不加电压（复压开放），可适当提高 TA 断线闭锁定值。

3. 试验步骤

（1）线路支路失灵。

1）模拟支路 4 运行在 I 母，在 A 相加入 $I_{\phi}=1.05I_{slqd}$（大于 $0.04I_n$，I_{slqd} 为失灵电流定值）的电流，并确保满足该支路零序或负序过流的条件；合上该支路对应相的分相失灵启动接点，或合上该支路三跳失灵启动接点，失灵保护可靠动作；失灵保护启动后，经失灵保护 1 时限切除母联，经失灵保护 2 时限切除 I 母线的所有支路，I 母失灵动作信号灯亮，加量及动作报告如图 3-11 所示。

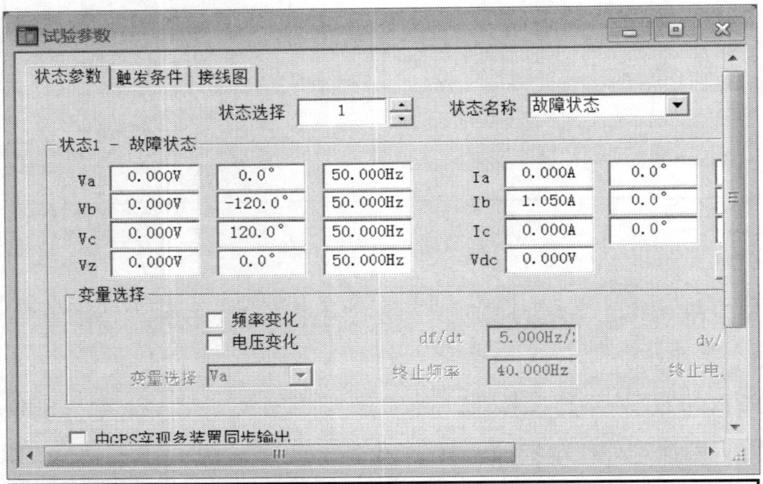

2019-07-11 17:11:09:932ms	
故障序号：51631	
BP-2C 母线保护	启动
*00210ms 失灵保护跳母联	
UNIT	00000008
00415ms	I 母失灵保护动作
00415ms	04 支路失灵启动出口

图 3-11 线路支路失灵试验加量及动作报告

2）模拟支路 4 运行在 I 母，在 A 相加入 $I_{\phi}=0.95I_{slqd}$（大于 $0.04I_n$，I_{slqd} 为失灵电流定值）

的电流，并确保满足该支路零序或负序过流的条件，合上该支路对应相的分相失灵启动接点，或合上该支路三跳失灵启动接点，失灵保护可靠不动作。

3）任选Ⅱ母上一线路支路，重复上述步骤，可验证Ⅰ母其他线路支路或Ⅱ母线路支路失灵保护。

（2）主变压器支路失灵。

1）模拟支路 3 运行在Ⅱ母，在 A 相加入 $I_{\phi}=1.05I_{\rm slqd}$（大于 $0.04I_{\rm n}$，$I_{\rm slqd}$ 为失灵电流定值）的电流，满足该支路相电流过流、零序过流、负序过流的三者中任一条件；合上该支路主变压器三跳启动失灵开入接点，失灵保护可靠动作；失灵保护启动后，经失灵保护 1 时限切除母联，经失灵保护 2 时限切除Ⅰ母线的所有支路以及本主变压器支路的三侧开关，加量及动作报告如图 3-12 所示。

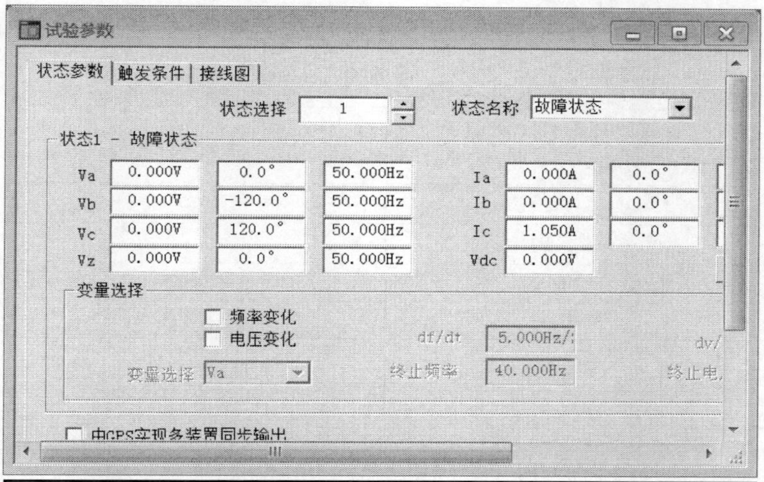

2019-07-11 17:06:33:159ms	
故障序号：51628	
BP-2C 母线保护	启动
*00197ms 失灵保护跳母联	
UNIT	00000004
00397ms	Ⅱ母失灵保护动作
00397ms	03 支路失灵启动出口
00397ms	变压器 2 失灵联跳

图 3-12 主变压器支路失灵试验加量及动作报告

2）模拟支路 3 运行在Ⅱ母，在 A 相加入 $I_{\phi}=0.95I_{\rm slqd}$（大于 $0.04I_{\rm n}$，$I_{\rm slqd}$ 为失灵电流定值）的电流，满足该支路相电流过流、零序过流、负序过流的三者中任一条件；合上该支路主变压器三跳启动失灵开入接点，失灵保护可靠不动作。

3）加载正常电压，重复上述步骤 1），失灵保护不动作；合上该主变压器支路的失灵解闭锁接点，重复上述步骤，失灵保护动作，加量及动作报告如图 3-13 所示。

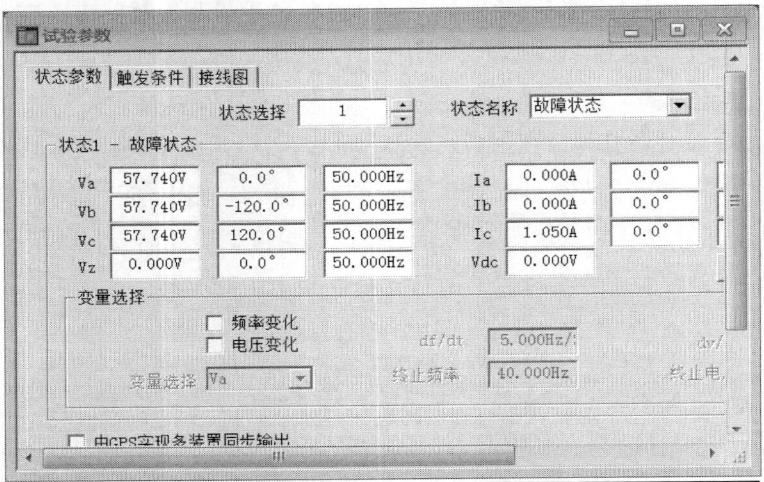

2019-07-12 09:49:42:398ms	
故障序号：51636	
BP-2C 母线保护	启动
*00197ms 失灵保护跳母联	
UNIT	00000004
00397ms	Ⅱ母失灵保护动作
00397ms	03 支路失灵启动出口
00397ms	变压器 2 失灵联跳

图 3-13　失灵解闭锁试验加量及动作报告

4）重复上述步骤，可验证Ⅱ母另一变压器支路或Ⅰ母变压器支路失灵保护。

试验过程中，应先加入试验电流，再合上失灵启动接点，或者两者同时满足，因为保护装置检测到失灵启动接点长期误开入（20s），会发“异常”告警信号，同时闭锁该支路的失灵开入。

（四）母联失灵保护

1. 试验原理

当保护向母联开关发出跳令后，母联失灵过流元件持续动作，经整定的母联失灵延时，则母联失灵保护应经母线差动复合电压闭锁后切除相关母线各支路。只有母联开关作为联络开关时，才启动母联失灵保护。

母联失灵保护固定投入，母联失灵定值为母联失灵公共定值。

2. 试验条件

投差动保护硬压板、差动保护软压板，差动保护控制字置 1，母联 TWJ=0，不加电压（复压开放），可适当提高 TA 断线闭锁定值。

3. 试验步骤

（1）差动启动母联失灵。

1）分别在母联、支路 2（运行在Ⅰ母）和支路 3（运行在Ⅱ母）的 A 相上加 3.15∠180° A、3∠0° A、3∠0° A 的电流，使电流大于差动保护启动电流定值，并大于母联失灵定值时，Ⅰ母差动先动作，启动母联失灵，经母联失灵延时后，Ⅰ、Ⅱ母失灵动作，加量及动作报告如图 3-14 所示。

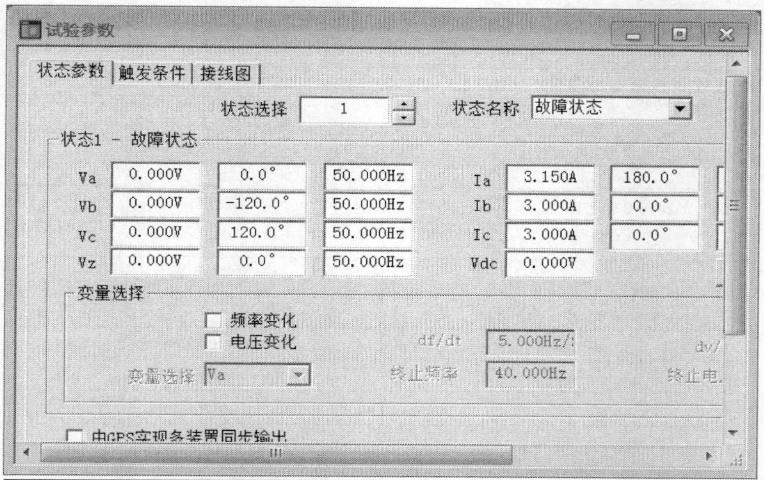

2019-07-12 09:59:11:860ms	
故障序号：51637	
BP-2C 母线保护	启动 相别：A
*00005ms Ⅰ母差动动作	
I_{da}	003.35A
I_{db}	000.00A
I_{dc}	000.00A
00520ms	母联失灵联跳Ⅰ母
00520ms	母联失灵联跳Ⅱ母

图 3-14 差动启动母联失灵试验加量及动作报告

2）分别在母联、支路 2（运行在Ⅰ母）和支路 3（运行在Ⅱ母）的 A 相上加 2.85∠180° A、3∠0° A、3∠0° A 的电流，使电流大于差动保护启动电流定值，小于母联失灵定值时，Ⅰ母差动动作母联失灵保护不动作，加量及动作报告如图 3-15 所示。

（2）外部启动母联失灵。

1）分别在母联、支路 2（运行在Ⅰ母）和支路 3（运行在Ⅱ母）的 A 相上加 4∠180° A、4∠180° A、4∠0° A 的电流，此时保护装置大小差流均平衡。

2）合上母联三相跳闸启动失灵开入接点，启动母联失灵，经母联失灵延时后，Ⅰ、Ⅱ母失灵动作，加量及动作报告如图 3-16 所示。

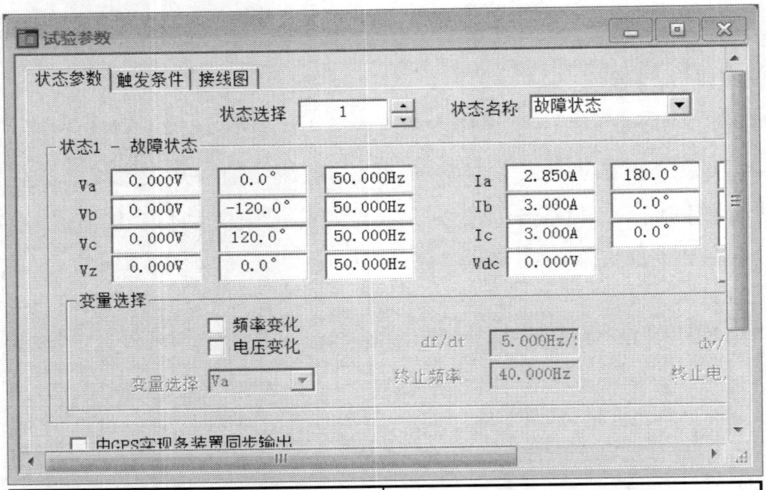

2019-07-12 10:02:06:791ms	
故障序号：51638	
BP-2C 母线保护	启动 相别：A
*00005ms Ⅰ母差动动作	
I_{da}	003.39A
I_{db}	000.00A
I_{dc}	000.00A

图 3-15 差动不启动母联失灵试验加量及动作报告

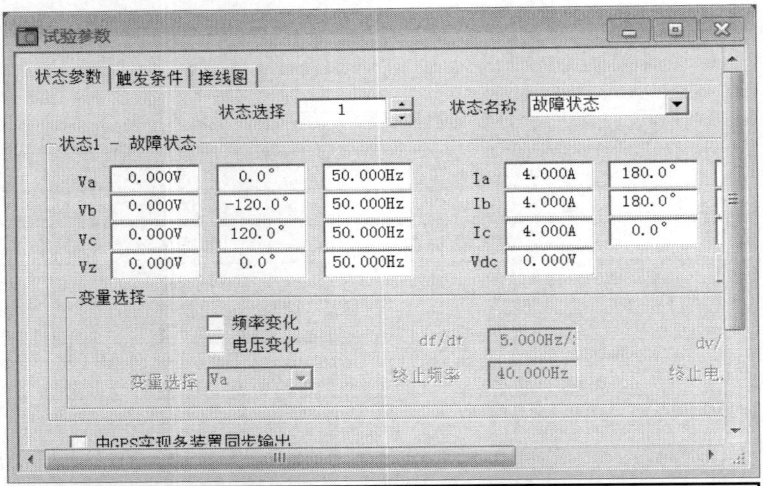

2019-07-12 10:31:17:204ms	
故障序号：51640	
BP-2C 母线保护	启动 相别：A
*00499ms 母联失灵跳Ⅰ母	
I_{Ka1}	003.95A
I_{Kb1}	000.00A
I_{Kc1}	000.00A
00499ms 母联失灵跳Ⅱ母	

图 3-16 外部启母联失灵试验加量及动作报告

（五）母联死区保护

1. 试验原理

母线并列运行发生母联死区故障，母线差动保护动作切除一段母线及母联开关，装置检测母联开关处于分位后经 150ms 延时确认分列状态，母联电流不计入小差电流，由差动保护切除母联死区故障。

母线分列运行时母联开关与母联流互之间发生故障，由于母联开关分位已确认，故障母线差动保护满足动作条件，直接切除故障母线，避免了故障切除范围的扩大。

“分列软压板”和 TWJ 开入取“与”逻辑，两者都为 1，判为联络开关分列运行，经死区延时后封联络开关 TA，其电流不计入小差回路；任一为 0，联络开关 TA 接入，其电流计入小差回路。要求运行人员在联络开关断开后，投入对应联络开关的“分列软压板”；在合联络开关前，退出“分列软压板”。从而实现分列运行时的联络开关死区保护。

2. 试验条件

投差动保护硬压板、差动保护软压板，差动保护控制字置 1，模拟支路 2 运行在Ⅰ母，支路 3 运行在Ⅱ母，母联死区故障时电流方向如图 3-17 所示。

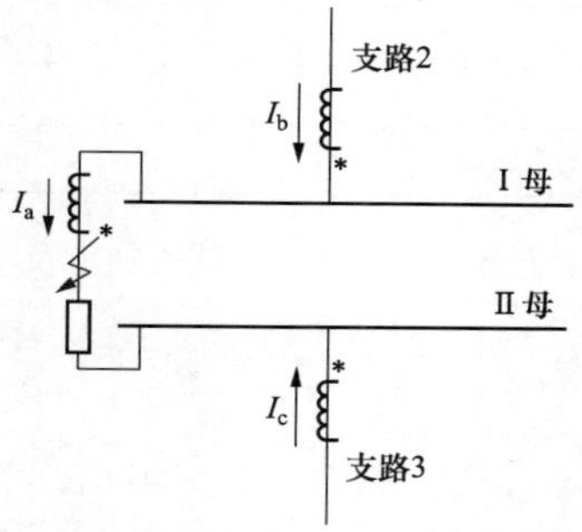

图 3-17　母联死区故障时电流方向

3. 试验步骤

（1）母线并列运行时死区故障。

1）母联开关为合（母联 TWJ 接点无开入，且分列软压板退出），将Ⅱ母线上支路的跳闸接点作为母联 TWJ 接点的控制开入量。

2）分别在母联、支路 2（运行在Ⅰ母）和支路 3（运行在Ⅱ母）的 A 相上加 3∠0° A、3∠0° A、3∠0° A 的电流，时间加 200 ms（大于死区时间 150ms），Ⅱ母差动保护先动作，母联开关断开后，经 150ms 死区延时，Ⅰ母差动动作，加量及动作报告如图 3-18 所示。

（2）母线分列运行时死区故障。

1）母联开关为分（母联 TWJ 接点开入，且母联分列软压板投入）。

2）状态 1，模拟正常分列运行，加正常三相电压，电流为 0，时间 2s 左右。

3）分别在母联、支路 2（运行在Ⅰ母）和支路 3（运行在Ⅱ母）的 A 相上加 3∠0° A、3∠0° A、0∠0° A 的电流，A 相电压为 0，时间大于死区时间 50ms，Ⅰ母差动保护动作，加量及动作报告如图 3-19 所示。

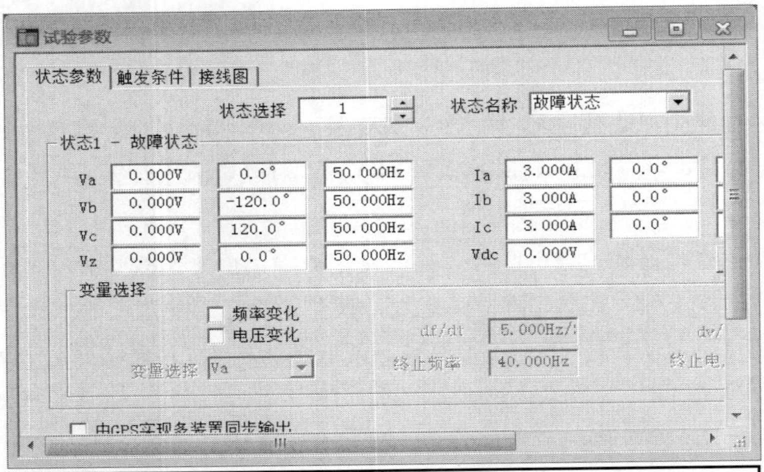

2019-07-12 10:49:34:710ms	
故障序号：51645	
BP-2C 母线保护	启动 相别：A
*00005ms Ⅱ母差动动作	
I_{da}	003.38A
I_{db}	000.02A
I_{dc}	000.01A
00168ms Ⅰ母差动母联死区	

图 3-18 母线并列运行死区试验加量及动作报告

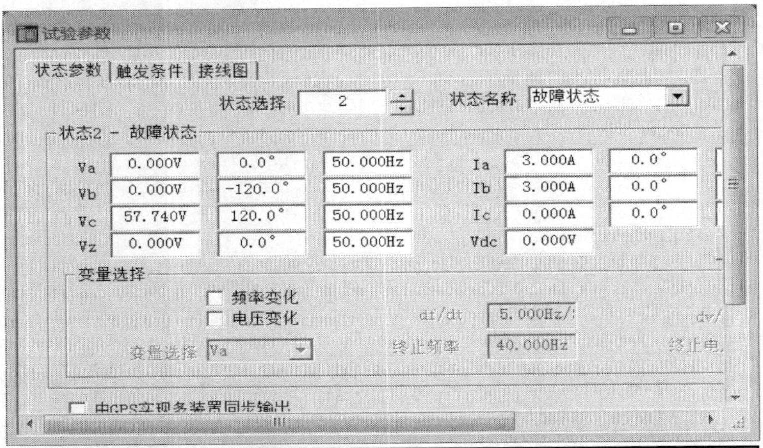

2019-07-12 13:30:43:478ms	
故障序号：51648	
BP-2C 母线保护	启动 相别：A
*00010ms Ⅰ母差动母联死区	
I_{da}	002.96A
I_{db}	000.01A
I_{dc}	000.02A

图 3-19 母线分列死区试验加量及动作报告

（六）母联充电死区保护

1. 试验原理

对于常规的母线保护逻辑，若母联充电至死区故障（如 TA 内部击穿，母联 TA 靠近无源母线），因没有故障电流流过母联 TA，无法通过启动充电保护来闭锁差动保护并切除母联开关，差动保护将切除运行母线。为适应标准化设计规范要求，“母线保护应能自动识别母联的充电状态，合闸于死区故障时，应瞬时跳母联，不应误切除运行母线”。BP-2CA/D-G 母线保护装置配置了母联充电于死区故障保护逻辑。

正常运行状态下，母差进行充电预备状态监测；差动启动时，检测到 TWJ 为 1（或返回小于 1000ms），且手合接点有效（0 →1 后展宽 1000ms），则闭锁母线差动保护，并启动充电至死区保护。充电至死区保护一旦启动后，展宽 300ms，展宽结束后，或者手合接点有效、母联（分段）无流的两者中任一条件不满足，充电至死区保护退出，同时开放母线差动保护出口。充电至死区保护投入期间，若大差判据满足则出口跳母联。

2. 试验条件

投差动保护硬压板、差动保护软压板，差动保护控制字置 1，模拟Ⅱ母线向Ⅰ母线充电，母联死区（TA 在Ⅰ母侧）有故障，母联充电死区时电流方向如图 3-20 所示。

3. 试验步骤

（1）状态 1，Ⅱ母加载正常电压，母联 TWJ 合上，状态持续 0.5s。

（2）状态 2，用试验仪开关量输出模拟母联开关手合接点合上，状态持续 40ms，加量如图 3-21 所示。

（3）状态 3，模拟支路 3 运行在Ⅱ母，加入试验电流 3∠0°A，并模拟故障降低Ⅱ母电压，将母联的跳闸接点作为试验仪的控制开入量，结束状态 3，加量及动作报告如图 3-22 所示。

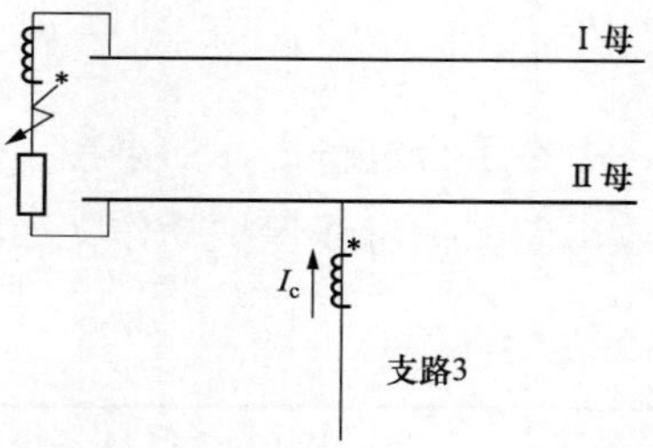

图 3-20 母联充电死区时电流方向

（4）状态 4，Ⅱ母线恢复正常电压。

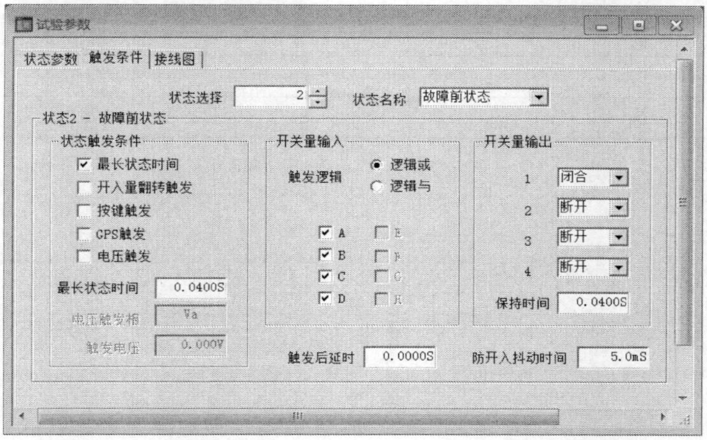

图 3-21 母联充电死区故障前试验加量

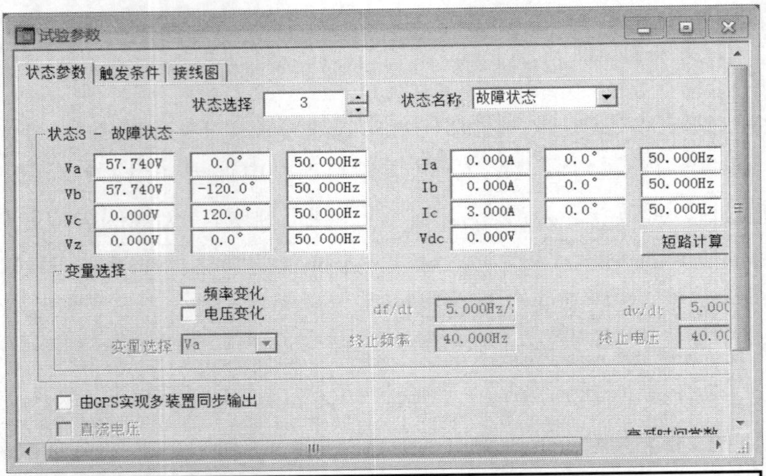

2019-07-12 14:14:04:285ms	
BP-2C 母线保护	启动相别：A
*00019ms 母联充电至死区保护	
I_{da}	002.97A
I_{db}	000.00A
I_{dc}	000.00A

图 3-22　母联充电死区试验加量及动作报告

在手合过程中，如果在手合过程中故障启动闭锁母差保护 300ms 后，退出充电逻辑，开放母差保护母线保护动作（如状态 3 加 0.4s），母联充电死区故障动作报文见表 3-4。

表 3-4　　母联充电死区故障动作报文

2019-07-12 14:15:23:686ms	
故障序号：51659	
BP-2C 母线保护	启动相别：A
*00019ms 母联充电至死区保护	
I_{da}	002.94A
I_{db}	000.01A
I_{dc}	000.01A

（七）母联充电过流保护

1. 试验原理

工程中未独立配置独立的母联保护装置时，可投入母联充电过流保护，用于母线充电保护或作为线路的临时保护使用。母联充电过流保护为两段式保护，两段保护的电流定值、时间定值可独立整定。

2. 试验条件

母联充电过流保护硬压板投入、母联充电过流保护软压板投入。

3. 试验步骤

（1）充电过流Ⅰ段保护。

1）充电过流Ⅰ段保护控制字置1。

2）在母联加A相电流4.2∠0°A（大于充电过流Ⅰ段电流定值），时间1.2s，充电过流Ⅰ段保护动作，加量及动作报告如图3-23所示。

3）用实验仪检验母联出口延时（充电过流Ⅰ段延时）是否正确。

4）在母联加A相电流3.8∠0°A（小于充电过流Ⅰ段电流定值），充电过流Ⅰ段保护可靠不动作。

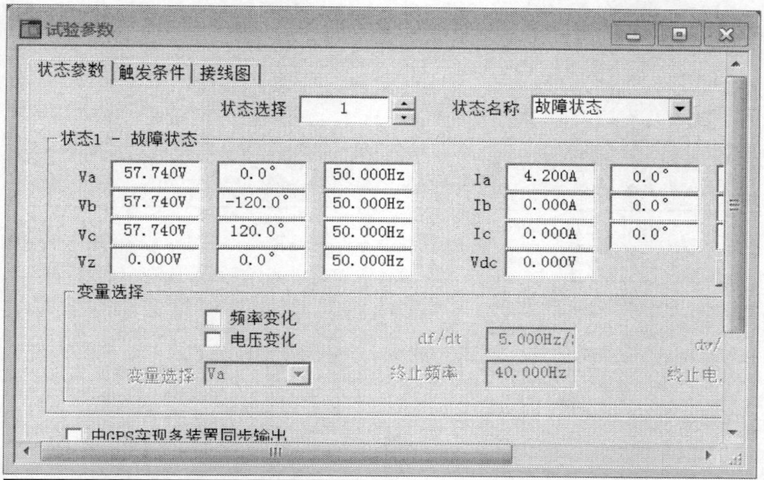

2019-07-12 14:31:48:477ms	
故障序号：51666	
BP-2C 母线保护	启动
*00999ms 充电过流Ⅰ段跳母联	
I_{Ka1}	004.15A
I_{Kb1}	000.00A
I_{Kc1}	000.00A

图3-23 母联充电过流Ⅰ段试验加量及动作报告

（2）充电过流Ⅱ段保护。

1）充电过流Ⅱ段保护控制字置1。

2）在母联加A相电流2.1∠0°A（大于充电过流Ⅱ段电流定值），充电过流Ⅱ段保护动作，时间2.2s，加量及动作报告如图3-24所示。

3）用实验仪检验母联出口延时（充电过流Ⅱ段延时）是否正确。

4）在母联加A相电流1.9∠0°A（小于充电过流Ⅱ段电流定值），充电过流Ⅱ段保护可靠不动作。

（3）充电零序过流保护。

1）充电零序过流保护控制字置1。

2）在母联加A相电流1.05∠0°A（大于充电零序过流定值），时间2.2s，充电零序过流保护动作，加量及动作报告如图 3-25 所示。

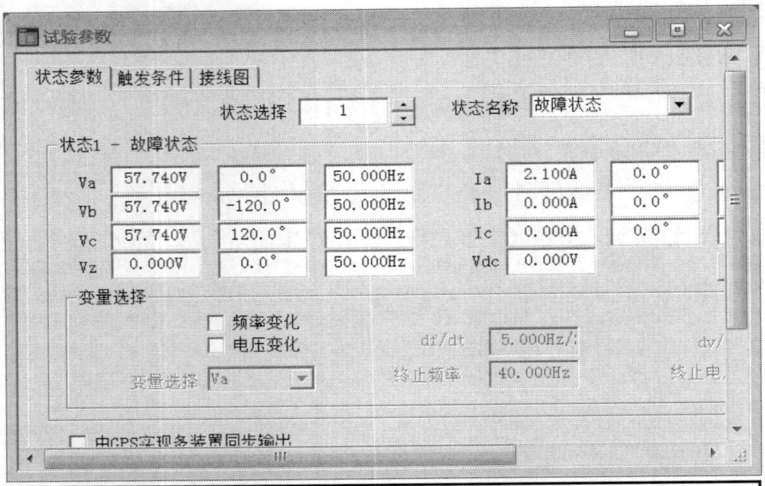

2019-07-12 14:37:40:011ms	
故障序号：51670	
BP-2C 母线保护	启动
*01999ms 充电过流Ⅱ段跳母联	
I_{Ka1}	002.07A
I_{Kb1}	000.00A
I_{Kc1}	000.00A

图 3-24　母联充电过流Ⅱ段试验加量及动作报告

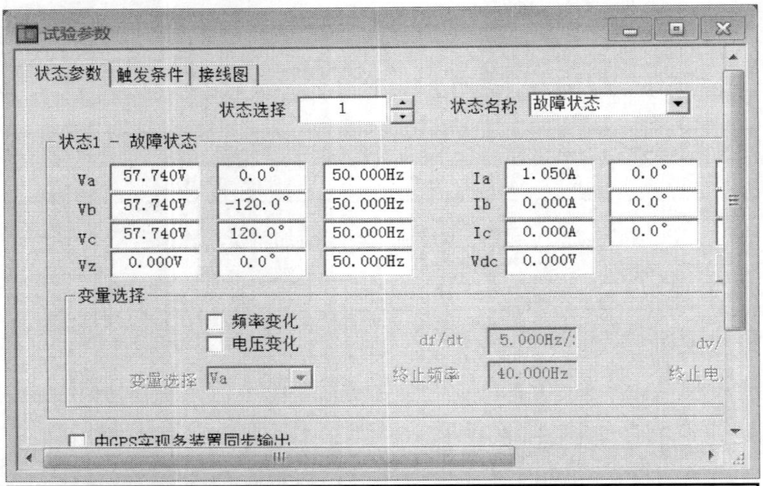

2019-07-12 14:41:30:291ms	
故障序号：51671	
BP-2C 母线保护	启动
*02107ms 充电零序过流跳母联	
$3I_{K1\text{-}0}$	001.07A

图 3-25　充电零序过流试验加量及动作报告

3）用实验仪检验母联出口延时（充电过流Ⅱ段延时）是否正确。

4）在母联加 A 相电流 0.95∠0°A（小于充电零序过流定值），充电零序过流保护动作可靠不动作。

（八）TA 断线闭锁差动试验

1. 试验原理

差电流大于 TA 断线闭锁定值，延时 9s 发 TA 断线信号，同时闭锁差动保护。电流回路正常后，0.9s 自动恢复正常运行。TA 断线闭锁分相判别，分相闭锁。

2. 试验条件

差动保护硬压板投入、差动保护软压板投入、差动保护控制字置 1。

3. 试验步骤

（1）闭锁断线相差动保护。

1）在Ⅰ母 TV 和Ⅱ母 TV 回路中加载正常电压。

2）模拟支路 2 运行在Ⅰ母，加载 A 相电流 6A（电流值大于 TA 断线闭锁定值，大于差动保护启动电流定值）。

3）差动保护应不动作，经 9s 延时，装置发出“支路 TA 断线”信号。

4）保持电流不变，将母线电压降至 0，母线差动保护不应动作。

（2）不闭锁非断线相差动保护。

1）状态 1，在Ⅰ母 TV 和Ⅱ母 TV 回路中加载正常电压，时间 3s，试验加量如图 3-26 所示。

2）状态 2，模拟支路 2 运行在Ⅰ母，加载 A 相电流 6A（电流值大于 TA 断线闭锁定值，大于差动保护启动电流定值），差动保护应不动作，经 12s 延时后，装置发出“闭锁差动保护”信号，试验加量如图 3-27 所示。

3）状态 3，B 相加 6A 电流，将母线电压降至 0，母线差动保护动作，加量及动作报告如图 3-28 所示。

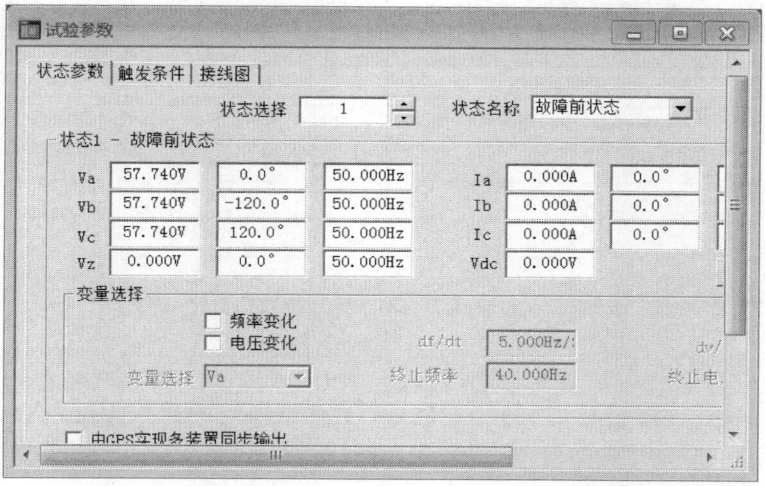

图 3-26 TA 断线闭锁差动正常状态试验加量

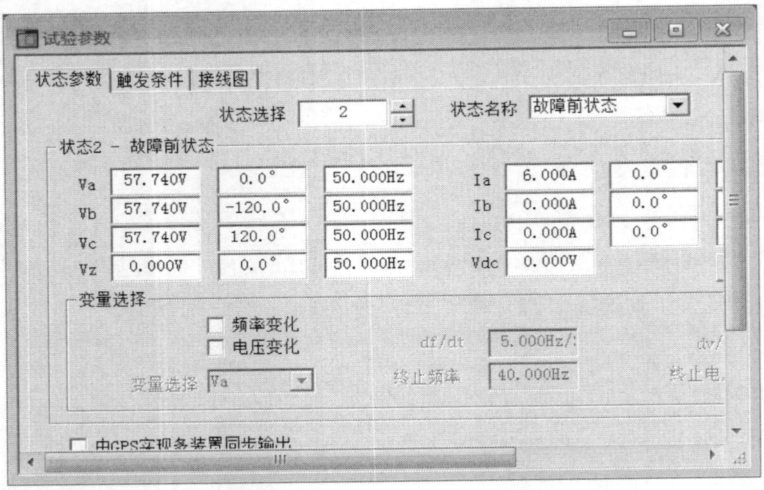

图 3-27　TA 断线闭锁差动故障前试验加量

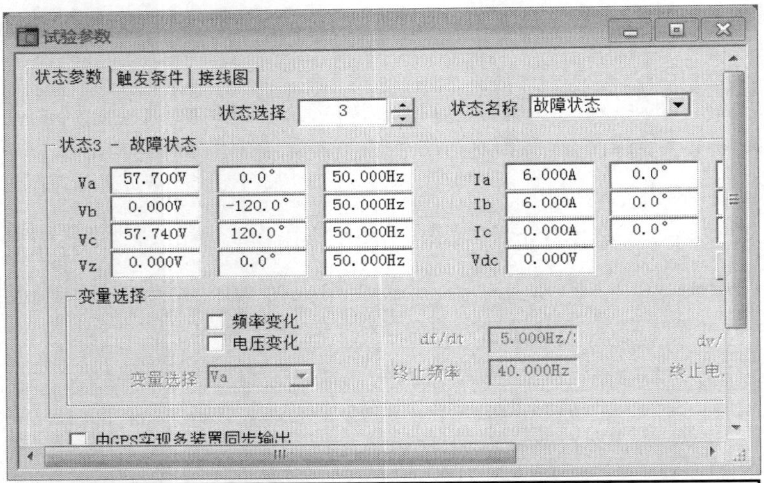

2019-07-12 15:04:52:008ms	
故障序号：51680	
BP-2C 母线保护	启动　相别：B
*00005ms　I 母差动动作	
I_{da}	005.94A
I_{db}	003.39A
I_{dc}	000.01A

图 3-28　TA 断线闭锁差动试验加量及动作报告

第三节　BP-2C 常见故障及排查方法

BP-2C 保护装置的常见故障，按照类型一般可分为保护定值整定错误、交流回路故障、开入/开出回路故障。不同的故障类型对应不同的故障现象，可根据实际的故障现象进行故障的排查。

保护定值整定错误一般设置保护装置实际定值与给定定值单整定不一致，如设置保护参数、数值型定值、控制字、软压板等与定值单不一致；交流回路故障一般分为交流电压回路和交流电流回路故障，主要有母线电压、各支路电流极性、幅值、相序等与继电保护测试仪所加量不一致；开入/开出回路故障一般分为功能压板、TWJ 等开关量故障，开出回路故障一般分为跳闸回路、信号回路等开出回路故障。BP-2C 保护装置的常见故障及排查方法见表 3-5。

表 3-5 **BP-2C 保护装置常见故障及排查方法**

故障属性	故障类别	故障点设置	故障现象	排查方法
保护定值	TA 额定值整定错误	支路 TA 一次值改变	采样不正确，无法平衡	检查母线保护相关 TA 参数定值，并修正
		支路 TA 二次值改变		
	软压板整定错误	将试验要求保护元件的功能软压板退出	保护元件不能动作	检查相关定值，并修正
	控制字整定错误	将试验要求保护元件的相关控制字退出	保护元件不能动作	检查相关定值，并修正
		方向保护方向指向错误	校验的方向与实际方向相反	
	打印机参数设置错	打印机串口波特率设置错误	打印乱码	检查打印回路和打印波特率
交流回路	TA 分流（以 L1 单元 A 相为例）	相 TA 的极性端与非极性端短接（短接 1I1D1 跟 1I1D4）	L1 单元 A 相的电流幅值异常，不影响非故障相	检查故障相电流端子有无附加短接线
	TA 极性错误（以 L1 单元 A 相为例）	相 TA 的极性端与非极性端交换（1I1D1 跟 1I1D4 内部线互换）	L1 单元 A 相的电流相位错误，不影响非故障相	检查故障相电流端子号
	TA N 相接线错误	两条支路的 N 短接（如短接 1I6D4 与 1I7D4）	L6/L7 两支路加平衡电流时，采样不正确	检查故障相电流端子有无附加短接线
	TA 相序错误（以 L1 单元 A、B 相为例）	相 TA 的两个极性端交换（1I1D1 跟 1I1D2 内部线互换）	L1 单元 A、B 相的电流幅值/相位错误，不影响非故障相电流	根据幅值和相位确定故障相别，检查故障相电流端子号
	TV 开路（以 I 母电压 A 相为例）	I 母电压 A 相 TV 开路（1UD1 端子虚接）	I 母电压 A 相电压幅值异常，不影响非故障相电压	万用表测量相 TV 回路电阻，检查 TV 相端子
	TV 相序错误	两相 TV 的输入端交换（1UK1-6 与 1UK2-6 互换）	I、II 母的 C 相电压幅值/相位错误，不影响非故障相电压	根据幅值和相位确定故障相别，检查故障相端子号
	N 相接线错误	I 母电压 N 相与 II 母电压 N 相交换（1UD4 与 1UD8 反接，线号替换）	两段电压同时加时，有零序电压	N 相回路异常，检查 TV 的 N 相端子
开入/开出回路	操作电源公共端虚接	操作电源公共端虚接（虚接 1QD3）	投入任一个功能压板时，对应的开入不变位，无变位报告，影响保护的功能试验	功能压板操作电源消失，检查电缆、短接片、端子

续表

故障属性	故障类别	故障点设置	故障现象	排查方法
开入/开出回路	特定输入回路虚接	将特定功能压板回路端子虚接或挪至其他端子	投入该功能压板时，对应的压板不变位，无变位报告，影响保护的功能试验	功能压板回路断线，检查对应的压板及其相关回路
	功能压板输入不对应	不同功能的压板电缆交换接线（如在装置背板上将差动压板 1n226 与失灵压板 1n227 反接）	投入功能压板时，相应的压板不变位，而其他压板输入有变化，并影响保护的功能试验	检查对应的压板及其相关回路
	两个功能压板同时动作	两个功能压板下端短接（如短接 1KLP1-2 与 1KLP2-2 连线）	投入一个压板，两个开入同时变位（投差动保护与投失灵保护同时变位）	检查同时变位的开入回路
	Ⅰ、Ⅱ母隔离开关位置错误	1QD5（5n716）虚接	隔离开关模拟屏隔离开关切换无反应	检查隔离开关开入回路有无短接线、虚接的现象
		1C2D11（5n103）或 1n102（5n403）虚接	L2 单元间隔Ⅰ母隔离开关位置隔离开关模拟屏灯不亮，开入无变位	
		5n403 与 5n404 短接	L2 单元间隔单投Ⅰ刀或Ⅱ刀时，开入均变位，并报母线互联信号	
	L1 单元间隔 TWJ/手合故障	L1 断路器 TWJ 虚接（虚接 1QD12）	短接 L1 手跳，开入无变位	检查公共开入回路有无虚接现象
		L1 断路器手合接点虚接（虚接 1QD15）	短接 L1 手合，开入无变位	
	电源失电	虚接装置电源（虚接 1QD1 与 1QD28）	装置黑屏，面板上“管理运行”“保护运行”“闭锁运行”灯全灭	检查直流电源回路
	录波信号不对应	Ⅱ母差动动作和母联动作开出互换（1LD6 和 1LD11 互换）	Ⅱ母差动动作上母联动作录波信号，反之亦然	检查信号回路有无接错
	失灵解闭锁无开入	将 1QD23 端子虚接	主变 3 解除复压闭锁无开入	检查外部开入回路

第四节　BP-2C 母线保护实操案例及解析

一、BP-2C 母线保护实操案例

（一）试验条件

（1）系统正常运行方式。

1）母联 L1，并列运行，由Ⅰ母流向Ⅱ母，TA 变比为 300/5。

2）变压器支路 L2，运行在Ⅰ母，电流大小为 3A，流进母线，TA 变比为 400/5。

3）线路支路L4，运行在Ⅰ母，TA变比为500/5，流进母线。

4）线路支路L3，运行在Ⅱ母，TA变比为400/5，流进母线。

5）线路支路L5，运行在Ⅱ母，TA变比为500/5，电流大小为7A，流出母线。

（2）Ⅰ、Ⅱ母电压正常，相电压大小为57.7V，其他间隔备用。

（3）运行定值在1区，定值单见表单样例。

（4）试验仪仅提供三相电流输出；所有试验必须用手动菜单或状态序列，手动设置完成。

（5）答题卡见表单样例。

（二）试验项目

1. 三相法加平衡

在双母线并列运行情况下，给L1～L5各间隔C相二次加电流。要求保护装置大小差电流为零，屏上无任何告警及保护动作信号。

2. 失灵保护试验

选用Ⅱ母上主变压器支路，验证该支路B相故障且断路器失灵时，母线保护的动作行为，分别校验复压低电压、零序电压、负序电压门槛值；验证主变压器失灵解复压闭锁逻辑，并用Ⅱ母失灵动作的录波信号节点，验证失灵保护的动作时间。

二、技能操作评分表

技能操作评分表见表3-6。

表3-6　　技能操作评分表

<table>
<tr><td>考生号</td><td colspan="2"></td><td>台号</td><td colspan="2"></td><td>轮次</td><td colspan="2"></td></tr>
<tr><td>操作时间</td><td colspan="5">时　分～　时　分</td><td>累计用时</td><td colspan="2">分</td></tr>
<tr><td>竞赛题目</td><td colspan="8">BP-2C母线保护装置试验</td></tr>
<tr><td>操作要求</td><td colspan="8">单独操作，注意安全，文明操作</td></tr>
<tr><td>设备场地</td><td colspan="8">设备：BP-2C母线保护装置　　继电保护测试仪，测试线，工具箱</td></tr>
<tr><td rowspan="6">评分标准</td><td>序号</td><td>项目</td><td>要求</td><td>分值</td><td colspan="2">评分细则</td><td>得分</td><td>备注</td></tr>
<tr><td>1</td><td>安全措施</td><td>安全措施报告的项目完整</td><td>8</td><td colspan="2">交流回路、出口、失灵等安全措施</td><td></td><td></td></tr>
<tr><td rowspan="3">2</td><td rowspan="3">试验接线</td><td>试验仪接地</td><td>1</td><td colspan="2">打开电源开关前试验仪接地</td><td></td><td></td></tr>
<tr><td rowspan="2">按图纸正确接线</td><td rowspan="2">1</td><td>电流接线正确</td><td>0.5分</td><td rowspan="2"></td><td rowspan="2"></td></tr>
<tr><td>电压接线正确</td><td>0.5分</td></tr>
<tr><td>3</td><td>校验项目1</td><td>在双母线并列运行情况下，给L1～L5各间隔C相二次加电流。要求保护装置大小差电流为零，屏上无任何告警及保护动作信号</td><td>15</td><td>L1电流9∠180°A
L2电流3∠180°A
L3电流2∠180°A
L4电流3∠180°A
L5电流7∠0°A
仪器输出2、3、7A
2、7A并联接入L1
无大小差流
电压加量正确
无任何告警</td><td>1分
1分
1分
1分
1分
3分
2分
3分
1分
1分</td><td></td><td></td></tr>
</table>

续表

	序号	项目	要求	分值	评分细则	得分	备注
评分标准	4	校验项目2	选用Ⅱ母上主变压器支路，验证该支路B相故障且断路器失灵时，母线保护的动作行为，分别校验复压低电压、零序电压、负序电压门槛值；验证主变压器失灵解复压闭锁逻辑，并用Ⅱ母失灵动作的录波信号节点，验证失灵保护的动作时间	15	试验接线正确 1分 失灵保护投入 1分 低电压定值 1分 零序电压定值 2分 负序电压定值 3分 L3失灵启动开入 1分 失灵电流大于启动门槛值 1分 主变压器2失灵解闭锁开入 2分 将失灵动作节点接至试验仪 1分 Ⅱ母失灵动作 1分 失灵保护时间 1分		
	5	故障排查	故障点	分值	现象及评分细则	得分	备注
		故障点1	支路L1 TA变比二次值设定为1	5	支路L1电流采样为所加量的1/5 发现现象 2分 向裁判提出并更正 3分		
		故障点2	保护背板Ⅰ母电压短接片剪断，导致C相虚接	5	Ⅰ母C相电压为零 发现现象 2分 向裁判提出并更正 3分		
		故障点3	背板1I2D-3虚接	5	L2间隔C相电流开路，无电流 发现现象 2分 向裁判提出并更正 3分		
		故障点4	1I4D-2与1I5D-3短接	5	加平衡时，L4间隔B相分流L5间隔C相电流 发现现象 2分 向裁判提出并更正 3分		
		故障点5	虚接1QD31上的1n233	5	所有Ⅱ母隔离开关无开入、差动保护、失灵保护、装置检修硬压板无法投入 发现现象 2分 向裁判提出并更正 3分		
		故障点6	背板1n102与1n104互换	5	支路L2与支路L4的Ⅰ母隔离开关互换，模拟盘隔离开关指示灯显示正确，保护装置两支路隔离开关开入颠倒 发现现象 2分 向裁判提出并更正 3分		
		故障点7	短接1C3D11与1C3D13端子内配线	5	主变压器失灵开入时，L3的Ⅰ母隔离开关有开入，装置误报互联，若不能排除此故障，失灵保护动作跳两条母线 发现现象 2分 向裁判提出并更正 3分		
		故障点8	1C3D13的1n303虚接	5	主变压器2失灵接点无法开入 发现现象 2分 向裁判提出并更正 3分		

续表

	序号	故障排查	故障点	50	现象及评分细则	得分	备注
评分标准	5	故障点9	1QD22 上 1n326 和 1QD23 上 1n327 互换	5	主变压器 2 失灵解闭锁无法开入 发现现象 2 分 向裁判提出并更正 3 分		
		故障点10	1LD6 与 1LD9 内部线互换	5	失灵保护动作时间无法测量 发现现象 2 分 向裁判提出并更正 3 分		
	5	试验报告	编写试验报告	8	计算数据结果 3 分 故障现象和故障点 5 分 每个故障点和现象给 0.5 分		
	6	恢复现场	恢复接线及安全措施	2	拆除试验接线、恢复安全措施 2 分		
裁判签字：				年 月 日		总得分：	

三、具体试验步骤及故障分析排查步骤

（一）执行安全措施

一般在试验前，会要求完成二次安全措施单。本案例为 220kV 系统为双母线接线形式，母联在合位，220kV 主变压器和线路（支路 2～支路 5）均处于运行状态，按照二次工作安全措施票要求，进行 220kV 母线保护进行保护定检工作，据此编写二次安全措施票，做好安全隔离措施，并按照考试须知做好保护，继电保护测试仪外壳接地。

（二）定值核对检查

定值的检查，一般先看是否有因定值导致的“装置告警”“装置异常”或“装置闭锁”等异常现象，具体可通过装置面板或者装置自检进行查看，对于 BP-2C 母线保护一般不涉及定值错误导致装置闭锁等异常现象，故可直接对装置整定定值与定值单进行比对，对于要求必须通过试验现象进行排除的故障， 可通过加采样或其他具体试验进行排除。

1. 试验方法

通过对装置整定定值与定值单进行比对发现故障点，由于案例要求须通过故障现象排除故障，故还需要通过加量进一步将故障进行排除。

2. 试验现象

通过加采样，可发现支路 L1 显示的二次电流为所加量的 1/5。

3. 分析排查

BP-2C 母线保护定值核查，可先通过核对定值单，再通过加采样或者其他具体试验进行故障排除。

（三）交流电压回路

电压回路多少取决于接线方式。对本案例双母线接线，故涉及两段母线电压。电压故障一般有采样幅值、相位错误，主要有 A、B、C 单相虚接导致的单相电压不准确，以及 N 虚

接导致的三相电压不准确，以及每段母线内部的换相和两段母线之间的换相导致的采样不正确。故障可设置在端子排也可设置在装置背板，一般不在空气开关设故障。通过对各段母线分别加二次电压的方法即可发现故障现象。

1. 试验方法

根据试验接线，通过继电保护测试仪对保护装置加 A、B、C 三相幅值不等的二次电压，通过对装置模拟量显示值与继电保护测试仪所加数值进行比对，即可发现故障现象。

2. 试验现象

对Ⅰ母加 A、B、C 三相不等的电压，发现 A、B 相电压数值正确，C 相电压为零，推测 C 相电压存在虚接情况。

Ⅱ母电压正常，说明其电压回路正确，无故障。

3. 分析排查

停止加量后，通过万用表对 C 相回路进行分段测量，可发现保护装置背板短接片被剪断，导致 C 相的 N 回路断开。

（四）交流电流回路

一般而言，电流回路的故障仅涉及运行支路，主要有单间隔故障和多间隔故障。单间隔故障有 A、B、C 单相虚接导致的单相电流不准确、单间隔内不同相别短接导致的多相电流不准确、以及极性端的对调导致的相位不正确，多间隔故障主要有两个及以上间隔相同相或不同相短接导致加平衡时分流等故障，多间隔调极性端的情况一般不多见。故障可设置在端子排也可设置在装置背板。对于单间隔故障一般通过加二次电流即可发现故障现象，对于多间隔故障，一般通过万用表测量与加平衡时看有无分流相结合的方法进行故障排除。

1. 试验方法

本案例涉及 L1～L5 支路，故可仅对 L1～L5 支路进行电流支路加量。

（1）单间隔试验。根据试验接线，对保护装置 L1～L5 支路分别加 A、B、C 三相幅值不等的二次电流，通过对装置模拟量显示值与继电保护测试仪所加数值进行比对，即可发现故障现象。

（2）多间隔试验。按照题目要求进行差流运算，使大差和Ⅰ母Ⅱ母小差均为零，并计算出继电保护测试仪所加三相电流幅值和相位，当装置具备加平衡条件时（可能还有其他故障导致不能加平衡，比如模拟盘隔离开关故障），对各支路进行正确接线，对各支路通入电流，观察大差和Ⅰ母、Ⅱ母小差是否为零。

2. 试验现象

（1）单间隔试验。对保护装置 L1～L5 支路分别加 A、B、C 三相幅值不等的二次电流，发现支路 L2 中 C 相电流为零，推测 C 相电流开路。其他支路电流正常。

（2）多间隔试验。一般先看大小差有无差流，若有差流再看各支路电流与所加电流是否正确。通过检查发现 L5 支路 C 相电流减小，且 L4 支路 B 相有电流，且Ⅰ母 B 相存在差流，

Ⅰ母、Ⅱ母C相均存在差流。

3. 分析排查

(1)单间隔试验。停止加量后，通过万用表对C相回路进行分段测量，可发现保护装置背板1I2D-3虚接，导致C相电流开路，无采样值。

(2)多间隔试验。通过上述试验现象，推测L4间隔B相分流L5间隔C相电流。停止加量后，将支路L4、支路L5所接试验线先拆下，通过万用表对L4、L5两间隔进行测量，发现确实有短接情况，将短接线拆除后，故障排除。

(五)开入量检查

BP-2C母线保护开入量的检查主要有功能压板、模拟盘隔离开关(包括装置隔离开关显示灯和装置内隔离开关位置开入的检查)，失灵开入、解复压闭锁、TWJ、SHJ等开入量的检查。

开入量的检查一般要结合试验项目进行，本案例中项目一为加平衡的校验，则需要对模拟盘隔离开关开入进行检查，对于项目二失灵保护检验，则需要对失灵压板开入、L3支路失灵开入、L3支路主变压器解复压闭锁开入进行检查。故障可设置在端子排也可设置在装置背板，因开入涉及正负电，有单一正负电虚接故障，也有公共正负电虚接导致的多种开入量缺失故障。对于功能压板，模拟盘隔离开关现故障，可通过投退压板、强制接通各支路隔离开关进行检查，对于失灵开入、解复压闭锁、TWJ、SHJ等可通过继电保护测试仪开出节点进行检查(不能通过短接线直接短接的方法进行检查)。

1. 试验方法

(1)压板投退检查压板开入。

(2)隔离开关强制接通法检查隔离开关模拟盘显示灯和装置隔离开关节点开入。

(3)继电保护测试仪开出节点检查解复压闭锁开入、失灵开入，即将继电保护测试仪的开出节点接到解复压闭锁和失灵开入对应的端子排进行检查。

2. 试验现象

(1)压板投退检查压板开入。投入失灵压板、差动保护等压板，保护装置均无相关开入。

(2)隔离开关强制接通支路L2～L5，使支路L2、L4运行在Ⅰ母，支路L3、L5运行在Ⅱ母，检查发现支路L2、L4隔离开关强制运行在Ⅰ母时，隔离开关位置指示灯指示正确，但保护装置隔离开关开入互换，支路L3、L5隔离开关强制运行在Ⅱ母时隔离开关位置指示灯指示和保护装置隔离开关开入均正确。

(3)解复压闭锁开入检查，将继电保护测试仪开出节点接到支路L3主变压器2解复压闭锁节点，发现保护装置无支路L3主变压器2解复压闭锁开入，但有主变压器3解复压闭锁开入；失灵开入检查，将继电保护测试仪开出节点接到支路L3主变压器2失灵开入节点，发现保护装置无支路L3主变压器2失灵开入。

3. 分析排查

(1)投入失灵压板、差动压板均无开入，初步推测可能是压板开入公共电虚接，投入母线互联压板，发现母线互联有开入，说明有公共正电，导致失灵压板无开入的应该是来自 2 号开入板公共负电（差动与失灵压板共同负电来自 2 号开入板公共负电，母线互联压板负电来自用 1 号开入板公共负电），然后将 L2、L4 支路强制运行在Ⅱ母，发现隔离开关显示灯不亮，验证了 2 号开入板公共负电缺失，通过万用表测量检查，发现端子排 1QD31 上的公共负电 1n233 虚接。

（2）根据支路 L2、L4 隔离开关强制运行在Ⅰ母时，隔离开关位置指示灯和保护装置隔离开关开入故障现象，判断应该是 L2 支路的 5n403 与 L4 支路的 5n407 互换，或者 L2 支路的 1n102 与 L4 支路的 1n104 互换，经检查发现背板 L2 支路的 1n102 与 L4 支路的 1n104 互换，恢复正常接线后，故障消除。

（3）解复压闭锁排查，基于试验现象开出主变压器 2 解负压闭锁节点却有主变压器 3 解复压闭锁开入的故障现象，初步推测主变压器 2 和主变压器 3 解复压闭锁节点互换，然后再将继电保护测试仪开出节点接到支路主变压器 3 解复压闭锁节点，发现有支路 L3 主变压器 2 解复压闭锁开入，推测正确，将接线恢复正常，故障排除；启失灵开入排查，根据故障现象，通过进一步用万用表测量公共正电和 L2 支路 1C2D13 的负电，发现正负电均正常，推测支路 L3 支路负电缺失，经进一步检查发现 1C3D13 的 1n303 虚接导致无支路 L3 失灵开入。

（六）开出传动

开出传动主要涉及动作出口回路，一般故障点设置与逻辑校验内容密切相关。故障点出现在端子排居多，也不排除特殊情况下设置在装置背板。故障点一般为动作出口虚接或者调换相关接线，使动作时间无法测试。

1. 试验方法

将失灵动作的录波信号节点接至继电保护测试仪。

2. 试验现象

测试不到失灵动作时间，且Ⅱ失灵保护动作时误跳双母，母线互联指示灯存在点亮现象。

3. 分析排查

（1）对失灵动作时间无法测量进行排查，发现 1LD6 与 1LD9 内部线互换，导致测试的实为Ⅱ母差动动作时间，由于支路 L3 断路器失灵对母线而言是区外故障，Ⅱ母差动保护可靠不动，所以继电保护测试仪无法测试到时间，将接线恢复到正常后，可测试到Ⅱ母失灵动作时间。

（2）Ⅱ失灵保护动作时误跳双母，母线互联指示灯存在点亮现象，经检查发现支路 L3 主变压器失灵节点闭合时，母线互联指示灯点亮（若加量时间短，互联灯点亮现象不容易观察到，失灵保护动作跳双母后再次进行试验重点观察互联灯则容易观察），经排查发现，1C3D11 与 1C3D13 内配线存在短接线，拆除短接线后再次进行试验，发现Ⅱ母失灵动作正确。

（七）检验结束恢复安全措施

拆除试验接线，关闭试验设备电源，将安全措施和保护装置等设备恢复至开工前原始状态，确认各信号均正常，打印、核对定值。

四、考试须知及表单样例

（一）实操考试须知

1. 考场条件

（1）安全措施编写场地。

1）屏柜图纸和安全措施试卷。

2）草稿纸、笔。

（2）实操考试场地。

1）博电和昂立试验仪各一台（选手自选）、工具箱（含试验线、螺丝刀、万用表、试验插针、试验夹等）。

2）说明书、图纸。

3）直流电源系统不接地。

4）计算器（具备三角函数计算功能）、黑笔、A4 纸、打印纸。

2. 注意事项

（1）安全措施编写。

1）考试时间为 15min。

2）根据图纸编写二次措施票，简单写清要点即可。

（2）实操考试。

1）考试时间为 40min，包含审题；考试中不用佩戴安全帽。

2）母线保护屏各含 10 个故障点。

3）屏外的二次回路不设置故障点，模拟断路器不设置故障点，保护装置内部不设置故障点，非电量保护装置和电压切换装置非考试范围。

4）考生应先向裁判描述故障现象，再去排查；若发现故障点，应先向裁判汇报，再排除故障，若未根据故障现象排除故障不得分。

5）选手示意准备完毕后，由裁判长宣布统一实操考试开始。

6）实操考试前，选手将安全措施答卷交给裁判，无须在屏柜做安全措施。

7）若想修改定值或改动屏柜接线，应先向裁判汇报。

8）允许选手放弃故障点，最多可放弃 3 个故障点。

9）每个试验项目的顺序可自行安排，试验前向裁判说明。

10）每步试验完成后，应向裁判申请，裁判确认后再进行下一步试验。

11）编写试验报告，要求记录试验项目的计算数据结果、故障点和故障现象。

12）草稿纸不允许带出试验场地。

13）试验完成后，应恢复试验现场（含压板、试验线、继电保护测试仪）。

14）考试时间终止后应停止所有操作。

（二）母线保护定检作业二次工作安全措施票

220kV 母线保护进行保护定检工作，220kV 系统为双母线接线形式，母联在合位，220kV 主变压器和线路（支路 2～支路 5）均处于运行状态，请根据图纸编写二次措施票，简单写清要点即可，考试时间 15min，二次工作安全措施票见表 3-7。

表 3-7　　二次工作安全措施票

单位：____________　　编号：____________

审核：____________　　批准：____________

被试设备及保护名称					
工作负责人		工作时间		签发人	
工作内容：					
工作条件：					
安全措施：包括应打开及恢复连接片、直流线、交流线、信号线、相应压板等，按工作顺序填用安全措施。工作中应使用绝缘工器具，测量相应回路时应注意万用表的挡位正确，严禁使用电阻挡测量回路电压、电流					

序号	执行	安全措施内容 具体措施	恢复
1			
2			
3			
4			
5			
6			
7			
8			
9			
10			

执行人：____________　监护人：____________　恢复人：____________　监护人：____________

（三）BP-2C 型母线保护定值通知单

BP-2C 保护定值单见表 3-8。

表 3-8　　保护定值通知单

厂站名称	实训一室	保护型号	BP-2CA-G-MPX	
名称	母线保护	软件版本	V1.01	
		检验码	9FF3	
类别	序号	参数名称	整定值	单位
基本参数	1	定值区号	01	无
	2	被保护设备		无
TV 参数	3	TV 一次额定值	220	kV

续表

类别	序号	参数名称	整定值	单位
TA 参数	4	支路 1 TA 一次值	300	A
	5	支路 1 TA 二次值	5	A
	6	支路 2 TA 一次值	400	A
	7	支路 2 TA 二次值	5	A
	8	支路 3 TA 一次值	400	A
	9	支路 3 TA 二次值	5	A
	10	支路 4 TA 一次值	500	A
	11	支路 4 TA 二次值	5	A
	12	支路 5 TA 一次值	500	A
	13	支路 5 TA 二次值	5	A
	14	支路 6 TA 一次值	0	A
	15	支路 6 TA 二次值	5	A
	16	…	0	A
	17	…	5	A
	18	基准 TA 一次值	500	A
	19	基准 TA 二次值	5	A
类别	序号	描述	定值	单位
差动保护	20	差动保护启动电流定值	2	A
	21	TA 断线告警定值	4	A
	22	TA 断线闭锁定值	5	A
	23	母联分段失灵电流定值	3	A
	24	母联分段失灵时间	0.5	s
失灵保护	25	低电压闭锁定值	45	V
	26	零序电压闭锁定值	6	V
	27	负序电压闭锁定值	4	V
	28	三相失灵相电流定值	1	A
	29	失灵零序电流定值	1	A
	30	失灵负序电流定值	1.2	A
	31	失灵保护 1 时限	0.2	s
	32	失灵保护 2 时限	0.2	s

（四）母线保护实操答题卡

1. 试验数据记录

试验数据记录表见表 3-9。

表 3-9 试验数据记录表

项目	支路	相别	电流
项目 1	L1	C 相	∠
	L2	C 相	∠
	L3	C 相	∠
	L4	C 相	∠
	L5	C 相	∠
项目 2	校验	可靠动作	可靠不动作
项目 2-1	低电压		
	零序电压		
	负序电压		
项目 2-2	解复压闭锁校验		
项目 2-3	继电保护测试仪测量时间		

2. 故障点记录

故障点记录见表 3-10。

表 3-10 故障点记录表

序号	现　　象	故　障　点
1		
2		
3	⋮	⋮

参 考 文 献

国家电力调度通信中心．国家电网公司继电保护培训教材［M］．北京：中国电力出版社，2009．